魅力计量
MEILI JILIANG

国家质检总局科技委　编著

U0209607

中国标准出版社

北　京

图书在版编目（CIP）数据

魅力计量 / 国家质检总局科技委编著 . — 北京：
中国标准出版社 , 2018.2
ISBN 978-7-5066-8958-8

Ⅰ . ①魅⋯ Ⅱ . ①国⋯ Ⅲ . ①计量—工作概况—中国
Ⅳ . ① TB9-12

中国版本图书馆 CIP 数据核字（2018）第 071774 号

中国标准出版社 出版发行

北京市朝阳区和平里西街甲 2 号（100029）
北京市西城区三里河北街 16 号（100045）
网址：www.spc.net.cn
总编室：（010）68533533 发行中心：（010）51780238
读者服务部：（010）68523946
中国标准出版社秦皇岛印刷厂印刷
各地新华书店经销
*
开本 700×1000 1/16 印张 9 字数 94 千字
2018 年 2 月第一版 2018 年 2 月第一次印刷
*
定价：36.00 元

质检科普读物编委会

本书执行编委会

前　言

人们常说："计量就像空气一样，我们时刻都离不开它"，但是计量是什么？计量的意义在哪里？可能很多人对此并不了解，正因为如此，以至于我们常常忽略了它的存在。实际上计量每时每刻都在我们身边，密切连着你我他每个人，已经渗透到了老百姓日常生活中的每一个环节和细节。

计量是科学技术的基础，所有科技创新活动均依托于测量技术的支持，历史上三次技术革命都和计量测试技术的突破息息相关。计量也是人类文明发展进步的重要基石，它不仅是维护公平正义的法度和准绳，更是改善生态环境、提高生活质量、促进社会和谐的基础和关键。

本书由国家质检总局科技委组织编著，由国家质检总局科技委计量专业委负责编写，编撰工作得到了中国计量科学研究院、内蒙古自治区计量测试研究院和陕西省计量科学研究院等科研单位的大力支持和帮助。此外，马丽娟、王佳、王思、王学军、王海丽、乌云毕力格、云彩丽、邓旭博、白佳君、朱芷含、刘明江、闫立新、孙秀良、芦伯峰、李瑶、李进峰、李梦茹、沈正生、陈兴、呼和、周红、孟晖、赵钢、赵晓晶、郝延杰、贺娜、塔娜、蒋天睿、程霞、温宪光、樊建峰、薛栋、魏树龙等同志也参加了本书的编写工作，在此一并表示感谢。

计量科学知识涵盖面广，涉及各个科学领域，本书作为基础的计量科普读物，无法做到面面俱到，只期能够以点带面，抛砖引玉，激发出人民大众对计量知识的兴趣点，在生活中能够主动去了解和学习计量知识，遇到问题可以想到运用计量知识去解决。我们希望通过科普计量知识，作为强化社会大众计量、质量意识的切入点，提高质量文化软实力，逐步实现质量强国的战略目标。

编者

2018 年 1 月

目 录
CONTENTS

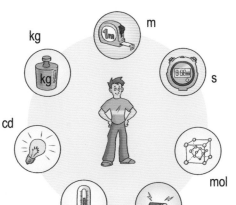

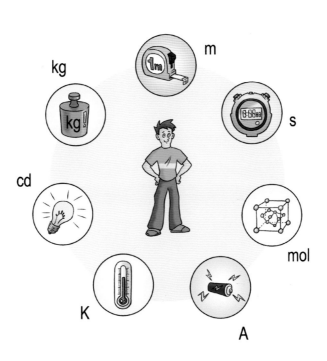

第一篇
计量历史篇

　　计量历史悠久、文化源远流长。计量的发展过程，是人类历史发展过程的缩影。我国历史上计量的发展，为人类进步做出了突出的贡献。本篇内容主要介绍计量从古至今的发展演变、文化传承以及我国古代在计量领域取得的辉煌成果。

我国古代度量衡制度的产生和建立

度量衡，即计量长短、容积、轻重的统称。度，即计量长短；量，即计量容积；衡，即计量轻重。

度量衡的发展从母系氏族社会末期就可见端倪。传说黄帝"设五量""少昊同度量，调律吕"。度量衡单位最初都与人体相关，例如"布手知尺，布指知寸""一手之盛谓之掬，两手谓之溢"等。这时的单位尚有因人而异的弊病。《史记·夏本纪》中记载禹"身为度，称以出"，则表明当时已经以名人身体部位的特征为标准进行单位的统一，出现了最早的法定单位。商代遗址出土有骨尺、牙尺，长度约合16厘米，与中等身材的人大拇指和食指伸开后的指端距离相当。尺上的分寸刻划采用十进位，它和青铜器一样，反映了当时的生产和技术水平。

布手知尺，布指知寸

一手之盛谓之掬，两手谓之溢

中国古代早期建立度量衡标准的代表人物之一是大禹。相传大禹治水发生在距今四千年前，禹疏瀹水道，引水入海，首先要考察水势，寻找水的源头和上下游流经的地域，这一切都离不开测量。规矩准绳就是最古老的测量工具。用"准"定平直，"绳"测长短，"规"画圆，"矩"画方。"矩"还可以用来定山川之高下、大地之远近。《史记》中记载"（禹）身为度，称以出"，这句话可以理解为根据大禹的身长和体重定出长度、重量的单位。有了单位和标准器，并把它复制到木棍、矩尺和准绳上，测量长度时就可以直接读数和计算了。治水工程即使在不同地区，也可以复现和传递这个量了。

大禹治水有功，被舜立为继承人，于公元前 2070 年建立了第一个王朝——夏，从此治水时建立起来的度量衡便成为夏朝法定的制度了。

公元前 221 年秦始皇统一全国后，推行"一法度衡石丈尺，车同轨，书同文字"，颁发统一度量衡诏书，制定了一套严格的管理制度，至此中国历史上第一个全国性的统一的度量衡体系建立。

商鞅方升何以被称为"计量圣物"？

一件巴掌大小的青铜容器，制作工艺并不复杂，既没有奇丽的纹饰，也没有神秘的图案，而是一个由几何直线组成的斗状物，但却是商鞅变法中的一件"强国重器"，直接见证了大秦的崛起，它就是上海博物馆的三大镇馆之宝之一——商鞅方升。

商鞅方升

"一法度衡石丈尺，车同轨，书同文字"，公元前221年秦王嬴政称始皇帝，建立郡县制，统一度量衡，车同轨，书同文。自古以来，"法"不仅代表着法律规则，而且代表着制度、标准。作为秦国的标准计量器，商鞅方升就是秦法的载体和见证，更镌刻了两千载的岁月变迁。商鞅方升是目前为止商鞅变法唯一的实物例证，也是当时商鞅亲自督造的一批度量衡标准器中唯一幸存于世的。

商鞅方升器壁三面及底部均刻铭文，左壁刻："十八年，齐率卿大夫众来聘，冬十二月乙酉，大良造鞅，爰 (yuán) 积十六尊（寸）

五分尊（寸）壹为升"。器壁与柄相对一面刻"重泉"二字。底部刻秦始皇二十六年诏书："廿六年，皇帝尽并兼天下诸侯，黔首大安，立号为皇帝，乃诏丞相状、绾，法度量则不壹歉疑者，皆明壹之"。右壁刻"临"字。"重泉"与左壁铭文字体一致，应是一次所刻，而"临"字与底部诏书为第二次加刻。可知此器最初置于"重泉"（今陕西蒲城），后转发至"临"（今河北临城）。《史记·秦本纪》：孝公"十年，卫鞅为大良造"。铭文中的十八年，即秦孝公十八年（公元前344年）。此器是商鞅任"大良造"时所颁发的标准量器。方升底部加刻秦始皇二十六年诏书，证明秦始皇统一中国后，仍以商鞅所规定的制度和标准统一全国的度量衡。

"爰积十六尊（寸）五分尊（寸）壹为升"，即以十六又五分之一立方寸（16.2立方寸）的容积定为一升。当时制造出的商鞅方升今天测出来的容积为202毫升，误差在±5%以内。商鞅方升最具有科学内涵的地方是以度审容，即用长度来描述容量。

商鞅方升内口长12.4774厘米，宽6.9742厘米，深2.323厘米，计算容积为202.15立方厘米，方升自铭16.2立方寸为一升，求得方升单位容积202.15÷16.2=12.478立方厘米/立方寸，可折算一寸长2.32厘米，一尺合23.2厘米。反之如果长度确定了下来，容量也随之可以得到。商鞅方升是现存最早"以度审容"的标准量器。我们今日虽然都知道长×宽×高为体积，但在2300年前这样"以度审容"是非常了不起的。

用"以度审容"的方法便于复现标准容量以推广统一的量值，这些都足以说明我国在2300年前，制定单位制已具有很高的科学水平，反映了我国古代劳动人民在数字运算和器械制造等方面所取

得的高度成就。商鞅方升是文史界无人不知的国家重量级文物，更是中国度量衡史不可不提的标志性器物，是战国至秦汉容量、长度单位量值赖以比较的标准。前后又经历了120多年的实际使用时间，从秦孝公变法时商鞅统一秦国度量衡到秦始皇统一六国，是天下尽用秦制最有力的物证，同时也充分说明秦始皇统一度量衡是商鞅在秦国变法的继续和发展，因此，有极高的史料价值。同比世界来看，法国于1875年成立国际度量衡局，和我国在2000多年前商鞅变法所统一的度量衡的元素是一模一样的。

一份古老的质检报告

　　我国古代质检文化源远流长，深深地扎根在中华文明的沃土之中。各类史籍中都有从不同侧面记载的史料，从周朝制造国家最高标准量器的历史文献《周礼·考工记》中即可寻觅到计量测试是确保产品质量技术基础的历史实例，战国时期制造的标准量器"栗氏量"，正是应用了当时数学、物理学及冶金等方面的最新成就而制造的。虽然栗氏量器已不存在，但是《周礼·考工记》中对栗氏量做了详细的叙述，因而我们可将其视为"一份古老的质检报告"。

　　《周礼·考工记》中记载：栗氏为量，改煎金锡则不耗；不耗然后权之；权之然后准之；准之然后量之；量之以为鬴（fǔ）。深尺，内方尺而圆其外，其实一鬴；其臂一寸，其实一豆；其耳三寸，其实一升；重一钧，其声中黄钟之宫，槩（gài）而不税。其铭曰"时文思索，允臻

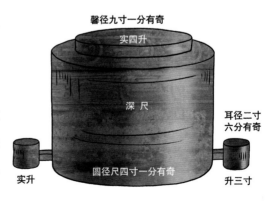

中国古代对体积的标准量器

其极，嘉量既成，以观四国，永启（qǐ）厥后，此器维则。"

这段文字，我们可以理解为是我国周朝时的一份完整的制造鬴标准量器的质检报告，其内容讲述的是：

第一部分：质检项目与数据。栗氏制造的量器，采用金锡材料，经冶炼去掉杂质使用砝码检测其重量确定其材料之纯净度；其后测量量器内部：底部必须达到水平，上下必须垂直；最后测量其容量。该量器结构是外圆内方，鬴深为一尺，其容量为一鬴。器物之臂为一寸，其容量为一豆，器物之耳三寸，容量一升。鬴重一钧。敲击器物发出的声音与黄钟宫律相同。用槩检验量器上口沿，没有突然凸起的质量问题（平面度检验合格）。

第二部分：根据质检数据做出"允臻其极"的结论，达到为嘉量的标准。建议为全国的最高量器标准。

此段文字包含的历史信息可以证明，早在2700年前的周朝，我国在制造标准计量器具时，已进行了相当严格的质量检测，检测包括材料质量、平面度、直线度、几何量长度和容积、声学和总体质量近十项技术指标。故此份文献可以说是我国古代有文字记载的最古老的质检测试报告。

古代如何称量微小物体？

戥（děng）子学名戥秤，是宋代刘承硅（据传）发明的一种衡量轻重的器具，属于小型的杆秤，是旧时专门用来称量金、银、贵重药品和香料的精密衡器。因其用料考究，做工精细，技艺独特，也被当做一种品位非常高的收藏品。

戥秤

我国是世界上最早实行法制计量的文明古国，无论从古代计量精度上看，还是从计量单位和计量管理体制上看，都是举世无双的。

公元前221年,秦始皇统一了度量衡,随着经济的发展和社会的进步,对衡器的要求越来越高。东汉初年,木杆秤应运而生,成为后人创造戥秤的基础。到了唐朝和宋朝,我国的衡器发展日臻成熟,计量单位由"两、铢、累、黍"非十进位制,发展为"两、钱、分、厘、毫"十进位制。鉴于当时一般的木杆秤计量精度只能精确到"钱",远远不能满足贵重物品的称量,宋朝主管皇家贡品库藏的官员刘承硅经过潜心研制,在公元1004年—1007年之间,发明了我国第一枚戥秤。经过测量,其戥杆重一钱(3.125克),长一尺二寸(400毫米),戥砣重六分(1.875克)。第一纽(初毫),起量五分(1.5625克),末量(最大称量)一钱半(4.69克);第二纽(中毫),末量一钱(3.125克);第三纽(末毫),末量五分(1.5625克)。这种戥秤设计精美,结构合理,分度值(测量精度)为一厘,相当于今天的31.25毫克。这样的称量精度,在世界衡器发展史上是非常罕见的。

指南针——最早的电磁计量仪器

中国是最早认识和利用磁铁的国家，最早记述见于战国末的《韩非子·有度》："夫人臣之侵其主也，如地形焉，即渐以往，使人主失端，东西易面而不自知。故

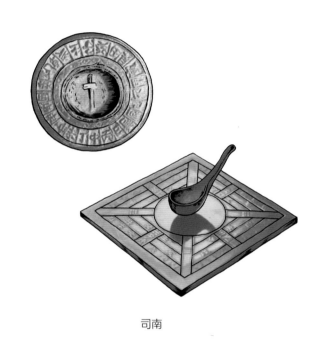

司南

先王立司南以端朝夕。"这是"司南"二字第一次出现在中国的文字记载中。司南是指南针问世之前最古老的磁性指向器，也是最早的电磁计量仪器，公元前600年前后，古希腊人泰勒斯通过摩擦琥珀吸引羽毛，用磁钱矿石吸引铁片的现象，曾对其原因进行过一番思考，但并没有给出科学的解释，更没有应用。北宋沈括的《梦溪笔谈》里就记录了以磁感应法磁化钢针、磁针的多种安装方法和磁偏角。西方人到13世纪才注意到磁偏角的存在， 1492年哥伦布横渡大西洋，才真正验证磁偏角，比我国要晚400多年。

计时器是如何发展演变的?

有关钟表的发展历史,大致可以分为三个演变阶段:一、从看日月星辰估算时间到实用性计时工具;二、从大型的报时钟向微型化过渡;三、腕表的发展和电子技术的运用。每一阶段的发展都是和当时的技术发明分不开的。

对于每一天时间的度量,古人也有不同的方法,从春秋战国时期的十六时刻计时法,到西汉起开始使用并沿用至今的十二时刻计时法,都是用来度量时间的。

随后在十二时刻的基础上又发明了日晷。为了更精确地度量时间,还发明了香钟、蜡烛钟、铜壶滴漏等计时工具。

公元 1088 年,我国宋代科学家苏颂和韩工廉等人制造了天文观测仪器——水运仪象台,它是把浑仪、浑象和机械计时器组合

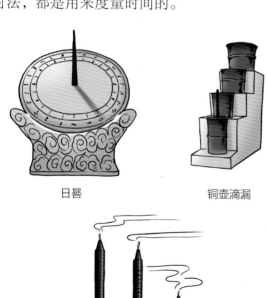

日晷　　　　铜壶滴漏

蜡烛钟

起来的巨型机械装置，高约 12 米，7 米见方，分为三层，上层放浑仪，进行天文观测；中层放浑象，可以模拟天体运转做同步演示；下层是该仪器的心脏部分，计时报时、动力源都在这一层中。因为天象的运转是以时间为基础的，而通过机械结构实现时间的运行就必须有能够形成时间间隔的装置，这样便出现了早期的"擒纵机构"。

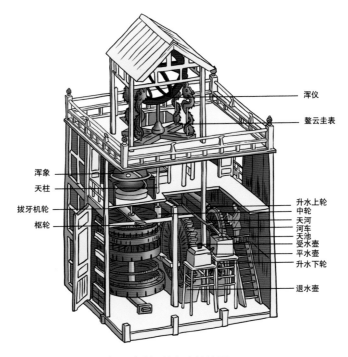

浑仪

鳌云圭表

浑象
天柱
拔牙机轮
枢轮

升水上轮
中轮
天河
河车
天池
受水壶
平水壶
升水下轮

退水壶

复原的水运仪象台结构图

在 15 世纪中期由于发明了铁制的发条，这样就使体积庞大的钟有了新的动力来源，也为钟的小型化创造了条件。1459 年，法国制钟匠就为查理七世制作了第一座发条钟。

1583 年，意大利人伽利略建立了著名的等时性理论，也就是钟摆的理论基础。荷兰科学家惠更斯在 1656 年应用伽利略的理论设计了"钟摆"，第二年在他的指导下第一个摆钟被成功制造出来。

惠更斯在 1675 年再一次发明了游丝（装在仪表指针的转轴上或钟表等的摆轮轴上的金属弹性线圈，能使转轴或摆轮做往复运动），这样就形成了以游丝作为装置的调速机构，它为制造便于携带的怀表提供了有利的技术条件。

18 世纪是大航海的时代，也是怀表发展的黄金时期。在英国，约翰·哈里森制作了一系列的航海精密计时器，使怀表的走时精度达到了更高水平。由于走时准确度大大提高，这个时期的怀表已经运用了秒针。1770 年左右，发明了自动上条的机械表，使得怀表在航海、军事中被广泛地使用，促进了航海事业的发展。现如今，除了机械手表具有计时功能以外，电子设备也广泛用于计时领域，各种晶振、原子钟的使用为更加精确计时提供了保障。现在最精密的原子钟已经可以做到 160 亿年不差一秒。

一撮之量知多少？

　　《汉书·律历志》中记载："量多少折不失圭撮"。应劭注："四圭曰撮，三指撮也"。即以人的三指，拇指、食指、中指联合动作抓取颗粒或粉状物，所取之量为一撮。那么一撮之量究竟指多少呢？根据《孙子算经》记载："量之所起，起于粟，六粟为一圭，十圭为一撮……"。按六粟为一圭计算，十圭为 60 粟，四圭为 24 粟。因而一撮有 60 粟和 24 粟的两种说法。

　　撮量器自汉代开始制成铜撮器，经测量一撮约合当今两毫升。民国时期《度量衡法》中规定，最小的容量计量单位为公撮和市撮，一公撮等于一市撮，"撮量"为一升的千分之一，即一立方厘米。

三指为撮

"鹖旦不鸣"是大雪节气的第一个"候应"

鹖（hé）旦不鸣一词出自《逸周书》："大雪之日，鹖鸟不鸣。"。在《礼记·月令》及《南史·律历志》中也有记载："推七十二候术"中有"大雪，冰益壮，地始坼（chè），鹖旦不鸣"。

《康熙字典》解释：鹖，鸟似雉，出上党。色黄黑而褐首，有毛角，有冠，性爱侪（chái）党，有被侵者，直往赴斗，虽死不置。

《禽经》：鹖，毅鸟也。李时珍曰：其羽色黑黄而褐，故曰鹖。青黑色者，性耿介也。又鹖旦，夜鸣求旦之鸟也。按《本草纲目·禽二》记载：鹖：又名"寒号虫"。

大雪后天气寒冷，寒号鸟也不再鸣叫，正所谓盛极而衰，阳气已有所萌动，所以老虎开始有求偶行为，"荔挺"为兰草的一种，也感到阳气的萌动而抽出新芽。

鹖旦不鸣一词是讲每年冬季从二十四节气的大雪节气开始，夜鸣求旦之鸟——鹖旦，会因天寒地冻而停止"夜鸣求旦"。中华民族的先人在生产、生活的实践中发现了这一自然现象，将其锤炼成鹖旦不鸣这一成语，并用鹖旦不鸣的自然规律作为划时为间的标准。因此，鹖旦不鸣大约从公元前200年，即《逸周书》成书之时已经作为我国古代大雪节气开始的时间起点。依此之说鹖旦不鸣一语是我国从战国时期开始表示时间间隔、确定时间点位的专用词语。

严格地讲，《逸周书·卷六·时训解》是我国最早结合黄河流域的天文、气候、物候规律通过一套划时为间的计量测时方法在阴阳合历基础上创造的独具中华文明特色的指导农业活动的历法。从计量单位制体系讲，该历法以"日（天）"为基本计时计量单位：以五日为一候；三候为一气；六气为一时（季）；四时为一岁；一年有二十四节气共七十二候；三百六十日为二十四节气的时间周期长度。

　　候为时间计量的时间间隔之量，其作为时间计量单位的量值为五天。划时为间的依据是各候均以一个物候现象相应，称之为候应。全年共有七十二候，即有七十二个相对应的专用的候应名称，其中有的以植物生长过程，如幼芽、萌动、开花、结果作为候应；有的以动物的始振、始鸣、交配、迁徙等规律作为候应；有的以自然现象，如水始冻、冰解冻、雷始发声等为候应。七十二候的依次变化，反映了黄河流域一年的气候变化的一般规律，为中国古代农业发展提供了科学依据。

　　《逸周书·卷六·时训解》依"四时"分为四个自然段。以"四立"即"立春之日""立夏之日""立秋之日""立冬之日"为各段之首句。其叙事方法与文章结构均采取："立春之日，东风解冻。又五日，蛰虫始振。又五日……"统一模式，给出一个节气的三个候应的对应名称。鹖旦不鸣出自"大雪之日，鹖鸟不鸣。又五日，虎始交。又五日，荔挺生。"因此，鹖旦不鸣是二十四节气中大雪节气的第一候应。大自然的规律是鹖旦在进入大雪节气时即停止了夜鸣求旦的叫声。反之，鹖旦停止了夜鸣求旦的叫声即标志着大雪节气的来临。所以，鹖旦的夜鸣求旦的鸣叫声即成为中华民族对时间进行定量分析判定的依据。这就是鹖旦不鸣这一成语隐含的中国古代时间计量的历史信息。

"天高地厚"隐含的古代计量智慧

生活中，当我们遇到那些做事不知道事情的艰巨与严重、不知道掌握分寸、目中无人的人时，总会说他们"不知天高地厚"，那天高地厚这个词究竟是从哪里来的？有何含义呢？《汉语成语词典》收录了"天高地厚"这一词，该词出于《诗经·小雅·正月》："谓天盖高，不敢不局；谓地盖厚，不敢不蹐（jí）。"词典中的解释为：原来比喻专制压迫下的生活痛苦。后来比喻恩情深厚，其例句为元代王实甫《西厢记》第五本第二折："这天高地厚情，直到海枯石烂时。"

《辞海》中给出了《荀子·劝学》："故不登高山，不知天之高也；不临深溪，不知地之厚也。"所以现代我们所说的不知天高地厚之意可以说是由《荀子·劝学》直接衍化而来的更为贴切。

1. 早期对生存空间的科学幻想

《淮南子·天文》描述了天地形成的过程："天地未形……虚廓生宇宙，清阳者薄靡而为天，重浊者凝滞而为地，清妙之合专易，重浊之凝竭难，故天先成而地后定。"

女娲伏羲图

近年在新疆出土色彩艳丽的绢画被命名为《女娲伏羲图》。画面上，女娲和伏羲皆为上体人形，下体蛇身，且下体两蛇尾绞缠在一起。画面中间，女娲执规，伏羲执矩。画面背景为日月星辰，满天星斗最显眼的星位就是北斗七星。此画的主题是"量天度地"。女娲使用"规"规圆——量天；伏羲用"矩"矩方——求出地为"方"形，由此反映中国古代"天圆地方"的宇宙结构的世界观。因此，从计量科学的角度将《女娲伏羲图》改称为《女娲伏羲量天度地图》更为贴切。古代的《女娲伏羲量天度地图》表达了中华民族的祖先要通过使用计量器具"规和矩"对生存的空间进行定量分析的科学幻想。关于天有多高地有多厚这个问题，古人们一直未停止对其的探索。

2. 测量和计算方法的产生以及发展

《史记·夏本纪第二》对大禹治水进行了描述，体现出当时已经有了相应的测量手段。"行山表木，定高山大川……左准绳，右规矩，载四时，开九州，通九道，陂（pō）九泽，度九山。"通过测量确定地形高低，采取疏导之法，使水流入海，解决了水患，使中华民族在九州大地获得生产发展休养生息的地域。其中"表木"实为古代进行几何量计量使用的测量仪器，为由古代"土圭"发展衍化出的便携式"圭"具，用现代计量仪器名称可称之为测量用"标杆"，因此"行山表木，定高山大川"讲述了使用便携式计量仪器"表木"测量山之高度，确定地形地貌高低之走向，其中"定"字包含了测量方法和计算方法。

《周髀（bì）算经》中讲："数之法出于圆方，圆出于方，方出于矩，矩出于九九八十一。故折矩，以为勾广三，股修四，径隅

五。既方之，外半其一矩，环而共盘，得三四五。两矩共长二十有五，是为积矩。故禹之所以治天下者，此数之所生也"。"既方之，外半其一矩"是讲矩的结构为"L"形；两矩相合构成长方之矩形。将矩"L""环而共盘"得直角三角形，三条边长之比为"三四五"，距"L"形成的两直角边，平方和为二十五，古时称此为"积矩"。大禹掌握此先进技术和科学计算方法才使天下臣服。

商高在《周髀算经》中讲述了运用勾股定理测量日高的方法。"若求邪至日者，以日下为勾，以日高为股，勾股各自乘，并开方除之，得邪至日。"

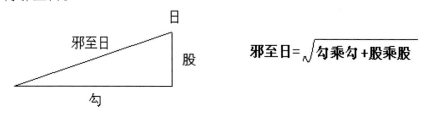

商高运用立竿见影测时计量的原理，依勾股定理的计算方法，得出的"邪至日"是测量点至太阳的距离；测得的"股"高是太阳与地球表面的垂直距离。从测量原理至数据计算原理讲，商高所述道理皆为正确的，这是中华民族古代测量天高的计量技术与数学科学发展的第一手技术资料。

3. 开展实地测量和数据计算

相传西汉张苍、耿寿昌为《九章算术》做过增补；经考证形成权威说法成书于东汉时期；三国刘徽曾为《九章算术》作注本；今该书收246个数学问题，为中国古代十大数学经书。该书之"勾股"一章中有测量城池、山高及井深的测量方法及计算的题目。此后，人们渐将测城池、高山、深井之题相关内容称之为"重差术"。刘徽为解释"重差术"将此部分内容编为"重差"一卷，附在《九章算术》之"勾股章"之后。至唐朝，将"重差"独立成篇。因其第一道题是求测海岛高远，故将此部分定名为《海岛算经》。

《重差术》中有汉至三国时期用八尺之标杆，在南北相距千里之两地于夏至正午之时，分别测量日影之长度，得出两地日影之长相差为一寸的数据。依"重差术"求得太阳距地面的高度为八万里（三国时期一里等于今天的 433.8 米）。

中国古代运用"重差术"根据经测量的日影数据计算出天的高度为八万里。由此可见三国时期，无论是"盖天说"还是"浑天说"在欲求了解"天高地厚"问题时，皆使用了"重差术"；皆运用了《周礼·大司徒》和《淮南子·天文训》中给出的"凡日景于地，千里而差一寸"数据。

4. 对计算原理和数据结果的修正

按现代科学我们知道地球和太阳是宇宙中两个椭圆形天体。太阳是恒星，地球是太阳的行星。太阳与地球平均距离约为 14960 万公里。所以，古人测出的天高八万里是一个错误数据。归结起来，计量测量原理没有错；使用几何图形及勾股原理没有错。那么错在何处呢？从宇宙结构观方面"天圆地方"之观念把地球表面视为一个平面；在此宇宙结构观的指导下将"日影千里差一寸"视为公理，这就是古代中国讲述天高地厚，错误地把天高定为八万里的主要原因。

南宋何承天（370 年—447 年）编修《元嘉历》时首次指出从交州至地中阳城（越南河内至河南登封告成镇），日影不是"千里差一寸"而是"六百里差一寸"。隋朝刘焯（542 年—608 年）最早提出"千里一寸，非其实差""明为意断，事不可依"。唐朝李淳风发现南京与洛阳之间南北距离约千里，但影长相差四寸，从而得出每二百五十里差一寸的结论，遂提出实地测量日影的方案。唐开元十二年（724年），僧一行组织，主持四海实地测量日影活动，由此，中华民族开创了人类测量地球子午线的历史。此举的目的：一是为编修《大衍历》验证自古以来"日影千里差一寸"说法；二是为了计算南北昼夜时刻长度的变化，推算南北距离对日食，月食的影响等与制定历法相关的问题。这次测量地域宽广：以中原为中心，北到北纬51°的铁勒（今俄罗斯贝加尔湖的乌兰乌德附近，当时为唐朝的"瀚海都督府"治地），南到北纬16.7°的林邑（今越南中部），南北之间纬度达34°之多，直线距离约4000公里，测量地是十三处。从一行给出的测量"北极高度"的具体数据，打破了"北极出地高度为恒定的36°"的观点。

另外，《新唐书·天文志一》中给出了京畿平原四州（滑，汴，许，蔡）合计526里270步距离，夏至影长度差2.5寸和北极出地高差1.5°的数据。按《新唐书·天文志一》得到"大率三五十一里八十步，而极差一度。"按《旧唐书·天文志上》则称之为"然大率五百二十六里二百七十步而北极差一度半，三百五十一里八十步而差一度。"

经现代学者计算，一行当时在北纬34°处实测子午线的长度相当于今131.11千米，与近代在北纬34°处实测子午线110.94千米，相差20.17千米。尽管误差较大，但此次测量是人类首次测量地球子午线的创举，这在世界科学技术史上具有划时代的意义。

我国古代如何实现试弓定力？

考古学家在山西发掘出土了一批石制箭头，经考定这批石制箭头是距今两万八千年的器物。这批石制箭头告诉我们：中华民族的祖先在两万年前，已发现并掌握某些材料具有在外力作用下发生形变且产生一定量的"内应力"，当外力瞬间消失时，形变物体的"内应力"即刻转化为动能的物理原理，并依此原理发明了可远程射杀猎物的先进的"劳动工具"和可随身携带的"防身器"——弓箭。一旦发生战争，"弓箭"又是冷兵器时代的重要武器。

中华民族的祖先在劳动过程中不断追求和提高对自己制造的工具及生产的器物的满意度，由此形成了原始的质量意识。弓箭发明以后，在使用的过程中他们不断地发现问题，不断进行改进。从弓的制造方面始终围绕提高杀伤力，不断寻求内应力更强的弓背和弓弦的材料，不断改进制作工艺，可以说追求完美的过程实际是不断制定新的更高的质量技术指标。在发明使用计量器具之前，采用以人体为计量器具的计量定性区别的方法对弓的质量进行判定已出现两种指标：第一项指标是射程；第二项指标是挽力。所谓射程是开弓放箭后，直接比较不同的弓射出的箭的行程远近；所谓挽力是通过人开弓射箭体验不同的弓的挽力强弱。因此"远与近""强与弱"是以人体为计量器具对弓进行定性区别的测量评定结论。

在我国战国时期，《墨子卷十四·各城门第五十二》中有"木弩必射五十步以上"的记载。此记载说明：我国战国时期已开始用测量弓的射程远近来衡量弓和弩的挽力强弱。以"步"作为计量单

位对射程进行计量定量分析，通过几何量长度量值的大小反映弓和弩的挽力大小的差异。"百步穿杨"即是以射程表示使用弓弩的射箭技能形成的成语。由此可见，测量弓弩的射程是中国古代衡量弓弩质量由粗放的定性区别向科学的定量分析发展迈出的关键一步，也是探索用"挽力"定量分析的计量方法评价弓弩性能的新的起点。

此后，在我国兴起了探索用"挽力"评价弓弩计量性能的计量实践活动。在一些史籍文献中相继出现了"斤""钧""石"力值单位，表示弓弩"挽力"的说法，如"三尺剑、六钧弓"的对句，即是讲弓的"挽力"为"六钧力"。令人遗憾的是我们至今也没有我国古代何人、何时发明的测量弓弩"挽力"的计量测量方法的第一手历史资料。

现可查到的是，明崇祯十年（1637年），宋应星所著《天工开物·第十五卷·佳兵·弧矢》一章中讲述我国古代制造"弓""箭""弩"从选材开始的全部工艺和对弓弩的"挽力"计量标准及测量方法为依据，使我们寻觅到在经典力学牛顿定律产生之前，我国开展"挽力"计量的历史足迹。

制弓的"挽力"标准如何划分？

《天工开物·第十五卷·佳兵·弧矢》中有记载："凡造弓视人力强弱为轻重：上力挽一百二十斤，过此则为虎力，亦不数出；中力减十之二三；下力及其半。彀（gòu）满之时，皆能中的。"

依此可见，明朝将弓的"挽力"分为四级，分别为：一级——虎力：挽力大于一百二十斤；二级——上力：挽力为一百二十斤；三级——中力：挽力为八十四斤至九十六斤；四级——下力：挽力为六十斤。

测量"挽力"的"测力计"及测量方法在《天工开物·第十五卷·佳

兵·弧矢》中也有记载："凡试弓力，以足踏弦就地，秤钩搭挂弓腰，弦满之时，推移秤锤所压，则知多少。"

按照书中文字描述，"以足踏弦就地，秤钩搭挂弓腰""推移秤锤所压，则知多少"可知测弓的"挽力"使用的计量器具是杆秤。"以足踏弦就地，秤钩搭挂弓腰"用秤钩勾住弓腰向上提，即是用反拉弓的方法复现了挽

试弓定力测量方法示意图——手脚并用

力开弓的过程；此时，杆秤测量的量是弓的"内应力"。杆秤平衡，依据作用力等于反作用力原理可知"弓的内应力等于挽力"。所以，测量弓的挽力时杆秤是经典的"直读式测力计"。还有用秤钩挂住弓腰，推移秤锤所压即可直读测量结果。按明朝时，杆秤直读的计量单位为（明）斤，读做"jin"，其表示的物理概念是经典力学的"斤·力"。

在《天工开物·第十五·佳兵·弧矢》中作者给出了一幅题为"试弓定力"的图示画面。此画面中，一人右手提一支杆秤（钩秤），秤钩勾着被测之弓的弓弦，弓腰系在地面上的重物之上；左手做推秤砣进行测量的姿势。此图所示的"试弓定力"方法与书中文字所述："凡试弓力，以足踏弦就地，秤钩搭挂弓腰，弦满之时推移秤锤所压，则知多少。"不完全相同。那到底是以秤钩勾秤弦还是以秤钩勾弓

试弓定力测量方法示意图——使用重物

腰？是以足踏弓弦就地还是使弓腰系以重物？是以文字叙述为准还是以图示为准呢？经分析普遍认为这是作者给出了两种使用杆秤测量弓的挽力的测量方法。第一种是按文字叙述的测量过程，计量人员必须手脚并用，测量的结果以在杆秤上的读数为准；第二种使用重物（固定量值砝码）作为开弓的固定量值，其一，可省去人踏弓弦之操作，是减轻计量人员劳动强度的做法，其二，使用固定量值的砝码，可提高挽力测量的准确度。

以此，我们可知：中华民族开创了用杆秤"试弓定力"及用"斤·力"表示力值的计量历史。

在采用国际单位制之前，使用"米·公斤·秒制"将使一千克质量的物体产生一米每秒平方加速度的力称为一牛顿；使用"厘米·克·秒制"将使一克质量的物体产生一厘米每秒平方加速度的力称为一达因。1901年，第三届国际计量大会依据国际公斤原器在重力加速度为9.80665米每秒平方所表现的重力，称之为"重力加速度标准值"。随后即形成一公斤力等于9.80665牛顿，或一牛顿等于0.10197162公斤力的实用计量单位。1985年，我国采用国际单位制，力值计量单位由"公斤力"改为"牛顿"。

按明末宋应星著《天工开物》发行于1637年计算，我国发明使用杆秤测量弓的挽力，开创使用"斤力"计量单位比1901年确定使用"公斤力"早260多年。

按明朝一斤等于596.8克计算：虎力之弓的挽力超过71.6公斤力，折合701.68牛顿；上力之弓挽力在71.6公斤力，折合701.68牛顿；中力之弓挽力在(50.13~57.29)公斤力,折合(491.27~561.44)牛顿；下力之弓挽力为35.8公斤力，折合350.84牛顿。

"试弓定力"的文献证明了我国古代发明、使用杆秤作为质量计量器具之后，依据杆秤的计量原理，最晚在明代已经将其开发成"直读式测力计"。"试弓定力"是中国古代开展测力计量的典型项目。《天工开物·第十五·佳兵·弧矢》所载内容是集我国古代弓弩生产的工艺、质量、标准和产品质量计量检测为一体的技术文件。

民国之"槩"，一解千古"正槩"之谜

在研究中国计量发展史的时候，大家通常把《礼记·月令》中所记载的"仲春之月，平斗甬正权槩（gài）"作为中国古代开展计量周期检定的历史依据。其中"仲春之月"指国家规定每年春季的第二个月为进行计量器具周期检定的统一时间；"平"与"正"为计量检定；按照郑玄的标注："秤锤曰权。槩，平斗斛（hú）者"，以此，我们可以得知"斗、甬"和"权、槩"皆为计量器具。"平斗甬"是检定量器；"正权"是检定砝码；"正槩"应该是检定"槩"——检定"平斗斛者"。由此证明早在 2700 年前的周朝时期，"槩"已是列入国家计量周期检定管理范围之内的计量器具，遗憾的是"平斗斛者"的解释过于简单，使人难以理解"正槩"的检定方法。

《周礼·考工记》在检验周𬭚的文字记述中提出："槩而不税"的检定项目。"槩所以勘诸廛（chán）之量器以取平者也。又平也。"结合我国古代量器的设计原理、结构及计量检定的实践可知：用槩检定量器上口沿的平面度，上口沿必须是没有凸起的平整表面。故"槩而不税"首先是检定各种量器上口沿平面度是否合格的计量技术指标。另外各标准量器的标准量值以"槩而不税"确定的上口沿为称量的起始平面。使用量器进行称量计量过程中，"槩而不税"是使量器上口沿与被测物构成同一平面，以此保证量器进行称量时与被测物被称量所得的量值保持准确一致的古代做法。所以，"槩而不税"隐含的是中国古代就已经发明了计量器具"槩"，通过"不税"作为计量判定依据，开展"平面度"的计量。

《汉书·律历志》中记载："量者，龠（yuè）、合、斗、升、斛也，所以量多少也。本起黄钟之龠，用度数审其容，以子谷秬黍中者千有二百实其龠，以井水准其概。"从《汉书·律历志》的记载可以看出：量器由龠、合、升、斗、斛"五量"和"概"组成。"五量"的量值溯源"本起于黄钟之龠"。"概"的平面度量值溯源是"以井水准其概"。同样《汉书·律历志》既没有给出"概"的图样，也没有阐述用井水的水平面检定"概"的具体方法，因而无法得知古代"正概"的具体做法。

至唐朝《唐六典》记载："凡建标立候，陈肆辨物，以二物平市，谓秤以格斗以概"；《唐令拾遗》记载："凡用秤者，皆悬以格，用斛者，皆以概"。

至宋朝《宋史·吕大防传》记：为确保收租过斛计量的统一和公正，吕大防采取"始均出纳，以平其概"的办法，得到宋仁宗的支持。宋仁宗下诏，进出都用"官概给之"。"官概"即可谓有文字记载的国家颁发的标准计量器具。

至清末，光绪统一度量权衡颁布《奏定度量权衡画一制度图说总表推行章程》，其中《概图第六》中记载："概平斗斛器——音概亦书作概，会典无其制。然各处多用之，今增案量器。除流质物易于眂（shì）平外，米谷干质物类与面积上小有窪（wā）隆则粜（tiào）籴（dí）之间必有收其羡而受其耗者。唐市令丞职监权概，刺市人奸欺，周制又恒言万方一概於文为假借然释其义说可知概制之不贰。今仍用丁字旧式不更制。"《概图第六》说明"概"制最早起源于周朝；《清·会典》中没有列入"概"；此次画一度量权衡才列入《概图第六》；"仍用丁字旧式不更制"，这是我国古籍文献中第一次讲

述"槩"的形状。

至1929年2月，南京国民政府颁布《度量衡法》。1931年修订《度量衡法施行细则》提出："概之长度应较所配用量器之口长五公分以上。"另据《事业部度量衡制造所季刊》（1932年7月·创刊号）统计：1931年该制造所全年成产"升斗木概270个。"只有生产数字，没有"升斗木概"的图样。

综上所述，从周朝至民国2700年间，我们仅在光绪统一度量权衡的《秦定度量权衡划一制度图说总表推行章程·槩图第六》中见到"丁字形木槩"的图形。经反复研究发现 "丁字形木槩"只能在确定量器上口沿合格的前提下，使用量器称量计量过程中刮平被称量物，实现"槩而不税"使被称量物与量器上口沿成为同一平面。被称之为"斗趟子"。尚未找到"以井水准其概"检定"丁字形木槩"的方法。

近年在筹建天津计量博物馆时，工作人员在原民国时期政府颁发给天津的标准铜斗的破包装箱中发现了一块一面中间带槽，一长边呈六十度角，没有任何标记的长方形的木板。当工作人员将木板带槽的一面扣在斗口上，斗口与带槽的木板形成四个接触面。根据"三点决定一面"的原理，按贴切法"用光隙估读"，

检定斗口（槩而不税）

其结果是基本没有透光。这一操作复现了"槩而不税"检定斗口沿的平面度的过程。由此可以判定：这块木板是计量器具，是计量专家学者苦苦寻觅的"平斗斛之木"——"槩"。

当用斗称量大米，为保证计量准确一致，使用"木槩"成六十度角的那一边，沿斗口刮平被称量物，实现称量计量过程中的"槩而不税"，使被称量物与斗口沿成为同一平面。由此可知："木槩"呈六十度角的一边发挥了"斗趚子"的计量功能。这一计量功能与现代计量器具"刀口尺"相仿。

称量计量（槩而不税）

当把"木槩"带槽的一面朝上平放在水面时，水的水平线恰恰与凹槽底边重合。由此使我们发现"木槩"的凹槽将水平面的平面度复现在"木槩"之上，于是就完成了"以井水准其槩"的"正槩"检定。

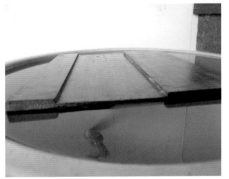

以井水准其槩

我们复现《礼记·月令》之中的"正权槩"，所用的"槩"是民国的斗槩，而不是周朝的古槩。周朝的古"槩"如何传承至民国"斗槩"尚待深入挖掘研究。但民国之"斗槩"复现古代"正槩"平面度计量过程，说明了中华民族开展平面度计量已有两千年的历史。

古代半斤为什么是八两？

过去人们常用半斤八两来形容两个事物是一样的，为什么这么说呢？"半斤八两"一语出自十六进制的古衡器流行时期，因古秤一斤有16两（沿用至50年代），因此形容"半斤"和"八两"毫无区别。那么老祖宗为什么定十六两为一斤呢？可以说这里面有大智慧！

传说我们的祖先观察到北斗七星、南斗六星，再加上旁边的福、禄、寿三星，正好是十六星。北斗七星主亡、南斗六星主生，福、禄、寿三星分别主一个人一生的福、禄、寿。他

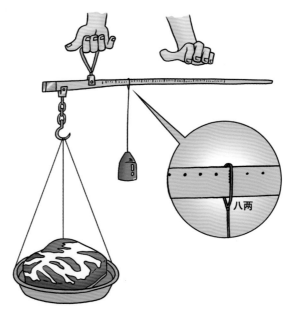

半斤八两

们在天上看着人的一切，所以寓意"人在做，神在看"。

据说做买卖的人，如果称东西缺斤少两都是要受到惩罚的。卖东西少给人一两，福星就减少这个人的福；少给二两，禄星就给这个人减禄；要是少给三两，寿星就给这个人减寿。古代人都知道"人在做，神在看"，所以人们都不敢做昧良心的事情。可见古代人对

与诚信的重视！

　　还有另一种说法：相传我国秦朝以前，各国的钱币和度量衡的单位都不统一，各国商贾和百姓之间的交易并不方便。秦朝统一六国后，秦始皇下令统一度量衡，由李斯负责起草文件。当时度量的标准已经基本确定，唯独这"衡"还拿不定主意，于是去请教秦始皇。秦始皇于是提笔写下"天下公平"四个大字。李斯拿了四个大字百思不得其解。为防止皇帝怪罪，于是干脆把这四个字笔画加起来，就成了"衡"的单位，一斤等于十六两，那么半斤就是八两，正好相等。

　　也有这种说法：我国古代有十六进制、十二进制、十进制、八进制，古代十六进制来源于"秤"和"砝"，古代由于技术原因，精确的"秤"很少，但制造大量精确的"砝"就方便多了，可以用简易天秤确定一个"一两砝"，如此反复，就可以确定"二两""四两""八两""十六两"……这样确定的"十六两"米大致相当于一个成年人一天的口粮，因此就把"十六两"定为一斤，那么八两就正好是半斤。

　　其实不管是哪种说法，都体现的我国从古至今在计量方面对"公平"和"诚信"的重视，这与当代计量价值文化是一脉相承的，那就是不受来自外界的压力和自身的私欲，保持检测行为的公平性。

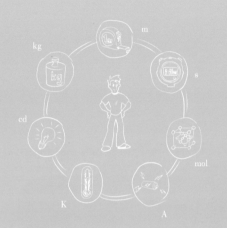

第二篇
计量基础篇

　　现代计量的标志是 1960 年 10 月第十一届国际计量大会决议通过并建立的国际单位制，简称 SI 制。现代计量学最为突出的成就，就是以量子理论为基础的微观量子基准逐步取代宏观实物基准。这一成就与相对论以及其后的宇宙大爆炸模型、DNA 双螺旋结构，板块构造理论、计算机科学等科学理论共同确立了现代科学体系的基本结构，为人类社会的进步与发展带来巨大的影响，而且一直延续至今。

你不知道的"5·20"

当今社会，人们把每年的 5 月 20 日简称为"5·20"，被现代的年轻人诠释其为"我爱你"，除此之外它还有什么意义呢？其实这一天也是一年一度的"5·20 世界计量日"。

1999 年 10 月 11 日—15 日，第二十一届国际计量大会在法国巴黎国际计量局召开，为了使各国政府和公众了解计量，鼓励和推

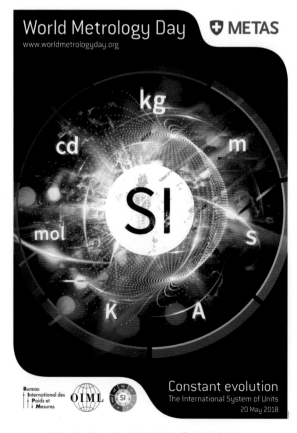

2018 年"5·20 世界计量日"宣传海报

动各国计量领域的发展，加强各国在计量领域的国际交流与合作，大会确定每年 5 月 20 日为"世界计量日"，并得到国际法制计量组织的认同。

为什么确定 5 月 20 日为"世界计量日"呢？这是因为 1875 年 5 月 20 日是 20 个国家中的 17 个全权代表签订了闻名世界的《米制公约》。该《公约》及其附则，促成了各签字国共同出经费办常设的科学机构，即国际计量局（BIPM），局址确定在法国。国际计量局由国际计量大会（CGPM）和科学专家委员会即国际计量委员会（CIPM）管辖，其目的是保证"米制的国际间的统一和发展"。

从 2000 年 5 月 20 日起，世界各国开始了宣传"世界计量日"的一系列活动。国际法制计量组织（OIML）在 2001 年其主席理事会上宣布，鼓励各国的国家计量机构利用 5 月 20 日世界计量日开展活动，将该日期统称为"5·20 世界计量日"。每年国际计量局都会在世界计量日发布主题，设计制作宣传海报。"5·20 世界计量日"的确定，使人类对计量的认识跃上一个新的高度，也使计量对社会的影响进入一个新的阶段。2018 年即将迎来第 19 个"5·20 世界计量日"。

从《米制公约》到 2018 年 SI 修订案

谈起计量，可能大家会觉得它很陌生，但其实它离我们并不远，因为描述和量化大千世界都是由时间单位秒、长度单位米、质量单位千克、电流单位安倍、热力学温度开尔文、物质的量单位摩尔、光强单位坎德拉等 7 个基本单位来完

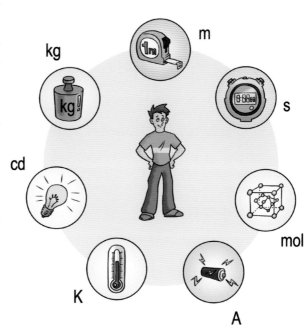

国际单位制的 7 个基本单位

成的。国际单位制又称公制或米制，旧称"万国公制"，是一种十进制单位制，是目前最普遍采用的标准度量衡单位系统。国际单位制源自 18 世纪末科学家的努力，最早于 1799 年法国大革命时期被法国作为度量衡单位。

过去基本单位都是以实物的形式进行定义，这种方式自计量单位诞生之日起一直延续到 20 世纪 60 年代，原子时的诞生开启了计量量子化的全新时代。这七个基本物理量支撑起我们日常生活接触到的全部物理量。七个基本量的定义如下表所示。

物理量名称	物理量符号	单位名称	单位符号	单位定义 *
长度	l, L	米	m	米是光在真空中在（1/299792458）s 时间间隔内所经路径的长度
质量	m	千克 *	kg	千克是质量单位，等于国际千克原器的质量
时间	t	秒	s	秒是铯 –133 原子基态的两个超精细能级之间跃迁所对应的辐射的 9192631770 个周期的持续时间
电流	I	安培 *	A	安培是电流的单位。在真空中，截面积可忽略的两根相距 1m 的无限长平行圆直导线内通以等量恒定电流时，若导线间相互作用力在每米长度上为 2×10^{-7}N，则每根导线中的电流为 1A
热力学温度	T	开尔文 *	K	热力学温度开尔文是水三相点热力学温度的 1/273.16
物质的量	$n, (\nu)$	摩尔 *	mol	摩尔是一系统的物质的量，该系统中所包含的基本单元数与 0.012kg 碳 –12 的原子数目相等
发光强度	$I, (I_v)$	坎德拉	cd	坎德拉是一光源在给定方向上的发光强度，该光源发出频率为 540×10^{12}Hz 的单色辐射，且在此方向上的辐射强度为 (1/683)W/sr

* 千克、安培、开尔文、摩尔 4 个基本单位将在 2018 年第二十六届国际计量大会上被重新定义。

国际单位制是计量学研究的基础和核心，特别是七个基本单位的复现、保存和量值传递是计量学最根本的研究课题。国际单位制的构成原则比较科学，大部分单位都很实用，并且涉及大部分专业领域。普遍推广国际单位制，可以消除因多种单位制和单位并存而造成的混乱，节省大量的人力和物力，有利于促进经济和国际交往的进一步发展。

即将于 2018 年召开的第二十六届国际计量大会，将审订新的 SI 修订案，千克（kg）、开尔文（K）、摩尔（mol）、安培（A）4 个基本单位将被重新定义。值得注意的是，将基本单位与宇宙中恒定不变的量或基本物理常数联系起来，

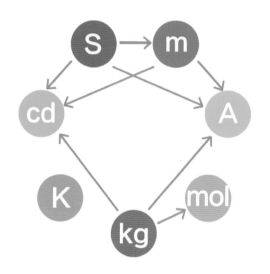

七个基本物理量之间也产生了联系，某些物理量可以用若干其他物理量导出。SI 单位重新定义以后，量子基准将取代实物基准，基本单位可实现独立复现，且不再依赖于国际计量局。这将彻底改变世界计量格局——未来，国际计量局将不再是世界量值的唯一源头，主要发达国家和新兴发展中的国家计量院将成为国际计量多中心格局的主体。重新定义后的 SI 单位中，质量单位千克（kg）、温度单位开尔文（K）、物质的量单位摩尔（mol）将分别基于普朗克常数 h、波尔兹曼常数 k 和阿伏伽德罗常数 N_A 实现重新定义；而电

学基本量——电流将被基本电荷常数 e 取代，从基本量变为导出量。其中时间将成为几个基本物理量中唯一一个由测量得到的物理量，其他物理量间接或者直接溯源到时间单位秒（s）。这种变化必将催生计量的又一根本性的变化，也将对全球经济社会发展和科技创新产生深远影响。

如今的时间校准可以通过植入芯片，让你通过网络在世界任何角落获取准确的时间。或许有一天，不仅仅时间，包括长度、电流、温度等，我们日常生产生活中所需要的许多量值，都可以通过互联网来进行校准，实现无处不在的最佳测量，让人们认识自然、利用自然的能力得到飞跃。

医学计量

　　医学计量是计量学在医学领域的延伸，其对象是各种医学诊疗设备及其计量器具，包括验光仪、心电图机、听力计、血压计、体温计、生化分析仪、多参数监护仪、医用辐射源、超声源和激光源等。医疗设备的准确性和安全性直接关系到患者的生命安全和身体健康，如果诊断设备测量不准确或者治疗设备输出量不准确，就有

多参数监护仪

可能导致误诊、漏诊，延误病情或错误治疗。医学计量通过计量检测手段，对在医学诊断、治疗、卫生防疫、生化分析、制剂和科研中使用的各类医疗设备进行检定和校准，使其量值溯源至国家基准，从而保证临床诊疗数据的准确，在保障人民生命安全等方面发挥着重要作用。

　　根据所涉及的参数分类，医学计量可以分为医用放射计量、医用光学计量、医用电磁学计量、医用声学计量、医用力学计量、医用热学计量、医用生物化学计量、医学综合计量。与传统计量学科不同，医学计量往往具有多参数、多学科交叉的特点。例如，多参数监护仪能为医学临床诊断提供病人的重要信息，可实时检测人体的心电信号、心率、血氧饱和度、血压、呼吸频率和体温等重要参数，实现对各参数的监督报警，是一种监护病人的重要设备。计量机构或质检机构使用生命体征模拟仪对医院使用的多参数监护仪的各个参数进行校准，生命体征模拟仪的各个参数通过上级计量标准装置，溯源至长度、温度、压力、电压幅值等多个国家计量基准，从而保证多参数监护仪测量人体生理参数的结果准确、可靠。

打造基因计量标尺，助力基因检测造福百姓

2017年10月19日央视《走进科学》报道：每一位准妈妈从得知自己怀孕的那一刻起，腹中的宝宝就成了最为牵挂的对象，尤其是宝宝的健康更是令人关注。然而，事实却很严峻，据相关资料记载，我国是新生儿出生缺陷大国，每年约有90万以上的缺陷新生儿出生，约占出生总人口的5.6%，为90万个家庭带来遗憾。在各种各样的出生缺陷中，有一种叫做唐氏综合征。年纪过轻及高龄产妇会有较高机会诞下患有唐氏综合征的婴儿（俗称三体儿）。伴随二胎政策的放开，新生儿的出生缺陷率会提高。事实上，大约每20分钟，我国就有一位唐氏综合征患儿出生。如何了解生命的密码，杜绝缺憾，把握生命的质量，成为众多家庭迫切需要解决的问题。

事实上，只要与基因有关，就离不开基因计量，精准度量基因是一个永恒的话题。如今，我国计量科研人员已经自主研发出了第一例基因序列标准物质，并且在实际中得到了推广和应用，可以有效地避免三体儿及其他出生缺陷婴

我国计量科研人员开展基因序列标准物质研究

儿的降生，为众多家庭避免了遗憾。

众所周知，基因是存储着生命的种族、血型、孕育、生长、凋亡等过程全部信息的神秘物质。近年来，随着人们对基因认识的加强，基因检测应用变得非常广泛。大量的医院、实验室、公司等都在启动基因检测，人们也开始热衷于进行相关检测，提前预防基因缺陷带来的疾病等。但是，由于缺乏统一的基因计量标准，测试结果常常大相径庭。

庞大的基因测序数据，必然关系到测序准确性问题，而计量标准物质是确保准确性的有效手段。两个不同机构的基因检测结果只有在对应同一个标准物质下才是有可比性的。

标准物质也是一种计量器具，只不过它不是一把看得见的有刻度的尺子，而是一个包含准确数据信息的特殊物质，计量科研人员要做的就是要通过全世界各种不同原理的高通量基因预测方法,对名为"炎黄一号"的这个全球首例中国人基因组序列图谱以及一个微生物源、大肠杆菌的预测数据进行分析比对，最终赋予了一个高置信度的量值，成为一个权威的生物计量标准，以规范基因检测市场。

我国的计量科研人员经过几年努力攻关，成功研制出了两个基因序列标准物质，第一个是大肠杆菌 O157 DNA 基因组序列标准物质，它的重要作用是在基因测序仪的校准过程中把仪器校准得更为准确，为后续的检测做出一定的贡献；第二个标准物质是亚洲人源"炎黄一号"的 DNA 基因序列标准物质，也是我国唯一一个从计量层面做的序列标准物质。在测序过程中，用序列标准物质作为标尺，能起到保证人类基因组测序准确的作用。

一米究竟是多长？

国际单位制中，米是长度的标准单位。1790 年 5 月，由法国科学家组成的特别委员会，建议以通过巴黎的地球子午线全长的四千万分之一作为长度单位，选取古希腊文中"metron"一词作为这个单位的名称，后来演变为"meter"，中文音译为"米突"或"米"。

为了制造出表征米的量值的基准器，在法国天文学家捷梁布尔和密伸的领导下于 1792 年—1799 年对法国敦刻尔克至西班牙的巴塞罗那进行了测量。1799 年根据测量结果制成一根 3.5 毫米 × 25 毫米 X 截面的铂质原器——铂杆（platinum meter bar），以此杆两端之间的距离定为 1 米，并交法国档案局保管，所以也称为"档案米"，这就是最早的米定义。这支米原器一直保存在巴黎档案局里。由于米长度比较固定，陆续被许多国家采用。1889 年用含铂和铱的合金制成一个横截面为 X 形的国际米原器作为国际长度基准。米原器的精度可以达到 0.1 微米，也就是千万分之一米，可以说已经相当精确了。米原器作为长度单位的基准在法国使用了 84 年。

万一米原器损坏，复制将无所依据，特别是复制品很难保证与原

国际米原器

器完全一致，给各国使用带来了困难。随着科学技术的发展，人们越来越希望把长度的基准建立在更科学、更方便和更可靠的自然基础上，而不是以某一个实物的尺寸为基准。1960 年第十一届国际计量大会上，各国代表一致通过表决，在废除旧的"米"的标准的同时，也规定了新的"米"的标准，国际计量大会对米的定义作了如下更改："米的长度等于氪－86 原子的 2P10 和 5d1 能级之间跃迁的辐射在真空中波长的 1650763.73 倍"。这一自然基准，性能稳定，没有变形问题，容易复现，而且具有很高的复现精度。我国于 1963 年也建立了氪－86 同位素长度基准。用氪－86 当尺，精确度可以达到 0.001 微米，大约相当于一根头发直径的十万分之一。1983 年 10 月在巴黎召开的第十七届国际计量大会上又通过了米的新定义："米是光在真空中（1/299 792 458）s 时间间隔内所经路径的长度"，其复现精度比基于光谱线波长的米的定义提高了 100 倍。

最后的实物基准
——国际千克（公斤）原器

国际千克原器（International prototype kilogram，简称 IPK），是指 1889 年被第一届国际计量大会所承认，在 1901 年第三届国际计量大会上被正式定义的作为千克单位标准物的砝码，千克的定义即"千克是质量单位，等于国际千克原器的质量"。国际千克原器是世界上用于复现基本单位的唯一"实物"基准，1883 年法国用 90% 的铂和 10% 的铱制成的直径和高都为 39 毫米的铂铱合金圆柱体。该原器一百多年来一直被保存在法国巴黎的国际计量局的地下室里，被精心地安置于有三层钟罩保护的托盘上。

最初的千克质量单位是由 18 世纪末法国采用的长度单位米推导出来的，即 1 立方米纯水在最大密度（温度约为 4 摄氏度）时的质量为 1 千克。1799 年法国在制作铂质米原器的同时，也制成了铂质千克基准，保存在巴黎档案局里。后来发现这个基准并不准确地等于 1 立方分米最大密度纯水的质量，而是等于 1.000028 立方分米。于是在 1875 年米制公约会议之后，也用含铂 90%、铱 10% 的合金制成千克原器，一共做了三个，经与巴黎档案局保存的铂质千克原器比对，选定其中之一作为国际千克原器。这个国际千克原器被国际计量局的专家们非常仔细地保存着，用三层玻璃罩好，最外一层玻璃罩里抽成半真空，以防空气和杂质进入。随后又复制了四十个铂铱合金圆柱体，经过与国际千克原器比对后，分发给各会员国作为国家基准，在第二次世界大战前，拥有国际千克复制件曾是一个

国家的无上荣耀。历史上德国通过统一获得了 4 个复制件，而没收国际千克复制件也是对战败国的惩罚之一。跟米原器一样，千克原器也要进行周期性的检定，以确保质量基准的稳定可靠。

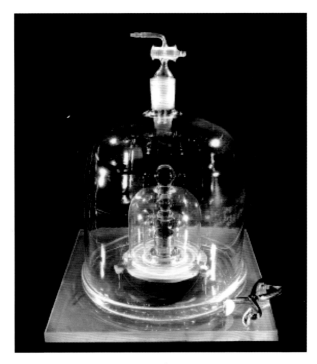

国际千克原器

千克是最后一个通过人造物质，而不是基本物理属性定义的重要标准，国际千克原器是当今千克的标准。2013 年 1 月初，德国《计量学》杂志刊载研究报告称，作为标准质量单位、有 118 年历史的国际千克原器因表面遭污染而增重 50 微克。2018 年国际质量单位千克重新定义后，国际千克原器也将逐步被取代。

热力学温度单位开尔文的由来

开尔文是国际单位制中热力学温度的国际单位制（SI）单位名称，它的定义是："等于水三相点热力学温度的 1 / 273.16"。水的三相点是指水的固态、液态和气态三相间平衡时所具有的温度。水的三相点温度为 0.01℃，其特点是，在这个温度下，具有的压力（p= 611Pa）、温度和体积几乎是固定不变的。

英国物理学家开尔文
（1824 年—1907 年）

开尔文是因英国科学家开尔文而得名的热力学温度单位。1848 年，英国科学家开尔文首先提出了"热力学温度"理论，利用热力学第二定律的推论卡诺定理引入的，并很快得到国际上的承认。它是一个纯理论上的温标，因为它与测温物质的属性无关，符号 T，单位 K（开尔文，简称开）。1854 年，威廉·汤姆森提出，只要选定一个固定点，就能确定热力学温度的单位。但是热力学温度作为一种纯理论，实践起来很困难。为此，1927 年第七届国际计量大会制订了第一个国际实用温标，之后又对国际实用温标进行了多次的修改，使之复现精度越来越高。1954 年第十届国际计量大会决定以水的三相点（即固、液、气三态平衡点）为基本点来定义热力学温标，当时叫"开氏度"。1967 年第十三届国际计量大会决定将其改为开尔文，其定义为：热力学温度开尔文是水三相点热力学温度的 1/273.16。

时间究竟从哪来？

一秒，在普通手表里不过是几个齿轮的转动和"喀嚓"一响。但是对铯原子钟而言，这意味着 9192631770 次的电子跃迁振荡。

在漫长的岁月里，过去人类只能利用日月星辰这类天然的"时钟"，根据它们在遥远天空上的位置大致判断时间，日出而作，日落而息。后来，人类发明了机械钟、摆钟和石英表。在 19 世纪 70 年代，麦克斯韦和开尔文就提出可以利用原子能级跃迁精准地计量时间，但直到 80 年后，世界上第一台原子钟才问世。又经过 10 年发展，原子钟的精度才全面超过石英钟。

发展到今天，更稳定更准确的时间在一些物理定律的验证、深空探测、自主导航飞行、通讯、电信、金融等方面发挥着重要作用。天文观测、量子力学的研究都离不开精准的时间，我们生活中常用的全球定位系统（GPS）也依赖它，哪怕只是慢了一眨眼的时间，都会带来数万公里的误差。

在 1967 年的第十三届国际计量大会上，秒的定义跨入原子时代：铯原子中电子能级跃迁周期的 9192631770 倍为一秒。这个标准一直沿用至今。

1997 年诺贝尔物理学奖授予美国加州斯坦福大学的朱棣文、法国巴黎的法兰西学院和高等师范学院的科恩·塔诺季、美国国家标准技术院的菲利普斯，以表彰他们在发展用激光冷却和捕获原子的方法方面所做的贡献。朱棣文是继杨振宁、李政道、丁肇中和李远哲之后第 5 位获诺贝尔奖的华裔学者。在激光冷却操控原子技术的

基础上，直接诞生了铯喷泉原子钟，将原子钟水平提高了一个量级。铯原子钟的工作过程是铯原子像喷泉一样的"升降"。这一运动使得频率的获取和计算更加精确。

2004年，我国成功研制铯原子喷泉钟"NIM4"实现了600万年不差一秒，使中国成为能够自主研制铯原子喷泉钟的国家，成为

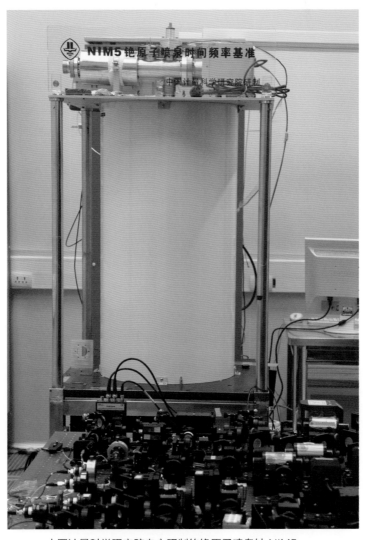

中国计量科学研究院自主研制的铯原子喷泉钟 NIM5

国际上少数具有独立完整的时间频率计量体系的国家之一。2010年"NIM5可搬运激光冷却 – 铯原子喷泉时间频率基准"把中国时间频率基准的准确度提高到2000万年不差一秒。下一代已经进入调试阶段的NIM6将达6000万年不差一秒。

在全世界53个国家的70多个实验室，有500多个原子钟一起运转，维护着人类世界时间的稳定。国际计量局定时收集它们报送的数据，结合经过认证的少数几个国家计量院研制的基准原子钟校准，才最终产生国际原子时。2014年，中国的铯原子喷泉基准钟得到国际计量局的认可，成为继法、美、德、意、日、英、俄七国后，第8个参与维护世界时的国家，这也意味着中国对国际时间从拥有"话语权"到具备了"表决权"。

北斗卫星导航系统为什么至少需要 4 颗卫星才能实现定位？

在相应坐标系中，若已经已知 A、B、C 3 颗卫星的轨道位置，且未知点 D 到 A、B、C 3 颗卫星的距离 R_1、R_2、R_3 皆可测的情况下，即可以计算出 D 点的空间位置。

卫星导航系统的基本定位原理如下：如 A 点位置和 A、D 间距离已知，则可知 D 点一定位于以 A 为圆心、R_1 为半径的圆球表面，按照此方法可依次得到以 B、C 为圆心的另外两个圆球，则 D 点一定在这三个圆球的交汇点上。

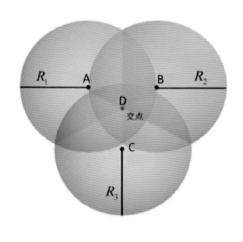

三球交汇定位原理

参照三球交汇定位的原理，根据 3 颗卫星到用户终端的距离信息，列出 3 个距离方程式得到用户终端的位置信息，即理论上使用 3 颗卫星就可定位，但由于卫星时钟和用户终端使用的时钟一般会有误差，而电磁波以光速传播，微小的时间误差将会使得距离信息出现巨大失真 [电磁波以光速传播，在测量卫星距离时，若卫星钟有 1ns（十亿分之一秒）时间误差，就会产生 30cm 的距离误差，当前有代表性的卫星用原子钟大约有数纳秒的累积误差，产生大约一米到数米的距离误差]，

实际上应当认为钟差不是 0 而是一个未知数，如此一来方程中就有 4 个未知数，即客户端的三维坐标以及钟差，故需要 4 颗卫星来列出 4 个关于距离的方程式，才能解算用户端所在的三维位置，根据此三维位置可以进一步换算为经纬度和海拔高度。

若空中有足够的卫星，用户终端可以接收多于 4 颗卫星的信息时，可以将卫星每组 4 颗分为多个组，列出多组方程，通过一定的算法挑选误差最小的一组数据来提高精度。

为提高定位精度，还可使用差分技术。在地面上建立基准站，将其已知坐标与通过导航系统给出的坐标相比较，得出修正数并对外发布，用户终端通过此修正数将自己的导航系统计算结果进行再次的修正，从而进一步提高精度。

北斗卫星导航系统工作示意图

"慧眼"识宇宙

2017年6月15日,我国首颗硬X射线调制望远镜卫星"慧眼"发射升空,这是我国第一个位于大气层以外,真正意义上的"空间天文台",也是世界上灵敏度、分辨率最高的一颗硬X射线望远镜卫星。该卫星能够在极端物理环境中精确探测天体辐射,有望发现宇宙中大量被尘埃遮挡、不为人知的超大黑洞、脉冲星等特殊天体。

黑洞是宇宙中最为神秘、最不可思议的天体之一,尤其是密度极大的超大质量黑洞。黑洞是由质量足够大的恒星死亡后,发生引力坍缩产生的。黑洞的引力很大,连光都无法从中逃脱,因此无法直接观测,但可以借由间接方式得知其存在与质量,并且观测到它对其他事物的影响。

黑洞就像一个贪吃的宇宙怪兽,当它吞下周围的物质时,这些物质就会被撕扯成气体围绕黑洞高速旋转,产生强烈的X射线。而"看到"这些射线,正是"慧眼"的独特本领。

这些用来看射线的眼睛,是安装在卫星上的18个高能X射线探测器。而这些眼睛是否够亮,取决于其能量分辨率、探测效率、均匀性等关键参数。这些参

黑洞吞噬周围物质产生高能射线示意图

数是由一套地面标定装置给出的。

　　研究人员经过 3 年的努力，将该装置提供的单能 X 射线能量范围提升至（15~180）keV，上限 180keV 为国际同类装置的最高水平，并首次解决了 X 射线注量绝对测量的难题。2015 年，双方在该装置基础上，合作完成了对"硬 X 射线调制望远镜"卫星 18 个主探测器和 6 个备用探测器能量线性、能量分辨率、探测效率和均匀性等关键参数共计 1200 机时的地面标定。

硬 X 射线地面标定装置

　　为了检测"慧眼"长期在轨运行状态，研究人员多次改进制备工艺，通过放射源高精度活度校准，为"慧眼"配备了 18 枚在轨监督源，保障了卫星在轨运行期间地面标定结果的有效可靠。

　　以此为起点，未来还将继续拓展单能 X 射线量子计量研究方向，不断扩展单能 X 射线能量范围、研制 X 射线量子探测器，以支撑我国 X 射线天文学、暗物质寻找等基础前沿研究工作快速发展。

芯片上的计量

美国国家标准技术研究院（National Institute of Standards and Technology, 简称 NIST）目前正在开展一项名为"NIST on a Chip"的项目，该项目对 NIST 传统的计量服务进行了巨大的革新，最终目标是将复杂耗时的测量服务从实验室搬到用户处，使得终端用户可以在本地直接开展计量活动。为此，NIST 正在研制可以直接分发给用户的计量标准器，使得用户能够在各种应用场景下随时随地对国际单位（SI）系统进行精确的测量。

为了达到上述目标，满足用户各种应用场景，"NIST on a Chip"项目将研制基于量子效应的高精度、低功耗、低成本的芯片级计量标准器，通过不同的物理机理，这些标准器可以实现一系列量值的精确测量。

随着诸多领域的飞速发展，传统逐级传递计量方式的弊端日益凸显，对生产和应用场景中的物理量直接实现精密标准级原位测量可以极大促进生产力的升级，从而增强各领域的经济竞争力，开启产业升级和技术发展的机会。除此之外，"NIST on a Chip"还兼具以下的优势。

1. 打破校准周期

目前，传统的计量方法是基于量值的逐级传递所实现的。需要进行校准服务的用户将定期向 NIST 送检仪器设备，在 NIST 的实验室内进行校准之后，再将仪器返回给用户。而"NIST on a Chip"则计划直接向用户提供大规模生产的基于稳定量子效应的芯

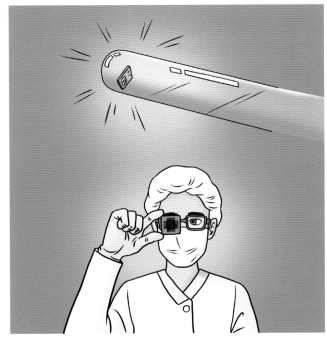

芯片级计量标准器

片级计量标准器，使得用户在绝大多数情况下可以直接在本地进行校准工作，避免过长的校准周期，提高生产效率。

2. 低生产成本

"NIST on a Chip"所研制的芯片级计量标准器都是基于集成电路和微机电工艺（MEMS）所制造的。测量不同物理量的芯片级计量标准器都可以使用通用的硅基片和工艺制造，从而有效地降低生产成本和集成在现有的系统中。

3. 集成组件

单个芯片级计量标准器还可以实现多物理量的精密测量，因为在基于量子效应的物理量测量中，不同的物理量最终都可以溯源至时间频率。目前"NIST on a Chip"项目已取得了重大的进展，通过光与原子的相互作用对原子进行精细控制、微型光频梳和光波导数据传输等一系列关键技术。

原子量测量的中国贡献

原子量是指某种原子的质量与固定的原子量基准的比值，又称相对原子量。原子那么小，它的重量是如何测量得到的呢？对化学发展有什么重要意义呢？19世纪初，英国科学家道尔顿提出了原子论，但并未立即得到化学家们的普遍承认，当原子量能够被较准确地测定，物质变化得以定量描述时，化学才真正成为一门近代科学。19世纪70年代，俄国科学家门捷列夫也正是在掌握了各种元素较准确的原子量后，将元素按其原子量大小的顺序排列进行比较研究，才发现了周期律，并据此预见性地构筑了整个化学科学的框架。可见在化学发展的历史进程中，原子量的测定具有十分重要的地位。

原子量测量方法经历了三个主要发展阶段：19世纪初期至20世纪中期的化学测量法阶段；20世纪40年代至60年代的相对质谱测量法阶段；20世纪60年代至今的绝对质谱测量法阶段。最早道尔顿曾用氢作为原子量基准，19世纪中期开始用氧–16作为基准，并一直沿用了一个世纪。1961年，国际纯粹与应用化学联合会（IUPAC）确定采用碳–12作为原子量的新基准。原子量测量体现了全球科学家不断探索真理的执着追求精神，融汇了基础理论、测量方法和精密制造等重大科学发现和创新。利用高精密质谱仪测量同位素组成及核质量获得元素原子量是当前国际公认的最准确的测量方法。我国国家计量院自20世纪80年代起开展了元素原子量的测量研究，先后建立了锑、锌、硒、镱等11种元素原子量的绝对质谱测量方法，测量的同位素丰度及原子量准确度高，不确定度小，同位素丰度值

均被 IUPAC 评为最佳测量，其中 10 种元素的原子量被采纳为国际新标准值（见下图红色圈）。尤其是新近研究建立的钼同位素组成全校正质谱新方法，引领了国际同位素及原子量高精准测量技术的发展。

元素周期表

据统计，近十年原子量修改涉及了 30 多种元素，充分体现了当前国际研究关注度。近年来，由于同位素测量技术已能观测到自然界部分元素同位素丰度的细微差异，对原子量是"自然常数"的传统概念打了个问号。自 2010 年起 IUPAC 已将碳、氧等 12 种元素原子量标准值采用给出原子量值范围的新表达方式，不再使用平均原子量及不其确定度，故而在部分学科的尖端研究中需要对样品的原子量进行实测。例如，在摩尔国际单位制重新定义中采用了"硅球法"，就需要对超高浓缩硅 -28 的原子量进行精准测量，测量不确定度要求小于 5×10^{-9}。

原子量新的表达方式引领了同位素高精准测量方法学的发展，平均原子量值呈现出逐渐被样品的准确原子量值取代的发展趋势，这种变化将导致同位素精准测量理论和技术成为新的研究热点。

安培定义的变迁

安培（Ampere）是国际单位制中描述电流强度的基本单位，是国际单位制的 7 个基本单位之一，为纪念法国物理学家安培而命名，他在 1820 年提出了著名的安培定律。1946 年，国际计量委员会（CIPM）提出定义为：在真空中，截面积可忽略的两根相距 1 米的平行且无限长的圆直导线内，通以等量恒定电流，导线间相互作用力在 1 米长度上为 2×10^{-7} 牛时，则每根导线中的电流为 1 安培。1948 年第九届国际计量大会（CGPM）正式批准该定义。1960 年，在第十一届 CGPM 上，电流单位安培被正式采用为国际单位制的基本单位之一。

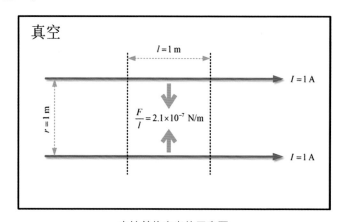

安培单位定义的示意图

安培的这一定义直接体现了电流与力学量之间的关系。在计量科学中，我们把对定义的实际实施称之为"复现"，即借助于测量装置，在实验中将定义进行复现。复现有两种形式，直接复现和间接复现。

在直接复现方面，法国物理学家安培在国际上首次发现了两根载流导线间存在着电磁力，在此基础上研制成世界上首套电流天平。电流天平的不确定度约为 $1 \times 10^{-5} \sim 4 \times 10^{-6}$。线圈几何尺寸的测量误差、线圈自热引起的几何尺寸的变化和形成的气流影响，以及线圈间的微小作用力难以准确测量等都会带来误差。直到 19 世纪 70 年代初，这种方法的不确定度仍然被限制在 10^{-6} 的量级，很难再进一步减小。

除了电流天平之外，还有一种与此等效的方法是分别在较强磁场中用核磁共振吸收法和在较弱磁场中用核感应法测量质子的旋磁比，并把两种方法的测量结果结合在一起，也可复现电流单位安培。

由于安培的传统定义中提出的理想条件均无法实现，因此计量学家们试图找到一种更好的方式对安培进行重新定义。早在一个世纪前他们就发现电荷是以电子的形式存在，这也暗示了电流的定义应该从这个方面考虑。

与使用两根通电导线之间的力定义相比，安培很可能在未来使用基本电荷的流速来定义，即 1 安培就可以定义为 1 秒内有 6.2415093×10^{18} 个元电荷通过横截面的电流。采用新定义后，安培不再基于力学量，而是基于量子效应和基本物理常数。

给无线电这个"秘密花园"精准"涂色"

从无线电报和收音机，到手机和 Wi-Fi，无线电信号为人类社会提供了越来越便捷和高效的信息传递手段。然而，不同于光可以靠眼睛观察、声音可以由耳朵获取、质量可以靠负重估计、长度可以用身体丈量、温度可以由肌肤感触，无线电信号几乎不可能被人类以任何形式直接感受到。可以说，无线电的世界就像是一个"秘密花园"，在黑白线条的基础上，需要依靠"涂色"才能挖掘其中蕴含着的无数奇幻和精彩。无线电计量，就是在给无线电这个"秘密花园"进行精准"涂色"。

拿手机的信号来说，有时候需要给五格都"涂色"以示满血工作，有时候可能只有一格"涂色"以示苟延残喘。这两种状态下，手机所接收无线电信号的绝对强度其实可能相差数亿倍。此时，射频电压计量和微波功率计量，就为无线电信号的强弱提供了准确的依据。

简单重复的无线电信号是无法有效传递信息的，因此人们写的任何一个字，说的任何一句话，都需要转换成复杂的无线电"音符"发射出去（无线通信中称之为信号调制），从而再由另一端通过翻译得到原始信息（无线通信中称之为信号解调）。无线电计量中针对信号调制和信号解调的计量，就承担着保障"音符"准确转换的作用，就像是给"秘密花园"进行"涂色"。

在将信号发射到空间，并从空间接收下来的这一过程中，天线是使无线通信具备"无线"这一根本特点的重要部件。天线就像是人们的嘴、耳朵以及眼睛，因为话是从嘴里说出来的、歌声是由耳

朵里听到的、美景是通过眼睛看到的。无线电计量中的天线计量也就像是给主人公的嘴、耳朵以及眼睛进行"涂色"，使所有的内容可以自由而美妙地传递。

当然，无线电计量的内容还有很多，例如空间场强计量、衰减计量、噪声计量、脉冲计量和阻抗计量以及众多导出量的计量，内容非常丰富。无线电计量这一"秘密花园"，可以说一直在被持续不断地精准"涂色"，见证了我们现代通信技术的不断进步，也将继续支撑现代无线通信技术不断发展。

第三篇
计量生活篇

　　民生计量，是直接与人民群众的安全、健康和切身利益密切相关的计量，民生领域的计量器具量大面广，覆盖百姓生活的各个方面。民生计量也是政府计量行政部门管理的重要内容之一，属于法制计量的范畴，是改善民生、体现执政为民、促进社会和谐的必然要求。

明明白白交水费，用水计量不能少

水、电、气表（简称民用"三表"）的仪表读数是我们日常生活中缴纳水电气费的计量依据，与我们的"钱袋子"密切相关，"三表"计量准确与否直接关系到缴纳的水、电、气的费用是否公平，特别是在水资源日益紧缺、用水费用不断提高的今天，水表计量准确性与"钱袋子"的关系越来越紧密，人民群众的关注度也越来越高。

按照《中华人民共和国计量法实施细则》规定，城市范围内用于贸易结算（即用来计算用水量以收取水费）的水表，必须按规定进行强制检定，检定合格后方可投入使用。水表在计量过程中，特别是超过6年得不到维修保养，其计量的准确性就不能保障。水表壳内滋生的水垢、铁锈和过滤网上的杂质以及塑料表芯的老化，叶轮进水盒孔变大、叶轮向上、滤水网孔密眼变大等水表自身原因，造成水表计量不准确或计量精度下降，从而损害供用水双方的经济利益，更为严重的是计量性能的降低，会导致流经水表的自来水流速改变，容易滋生细菌和微生物，使自来水受到二次污染，长期使用将损害人们的身体健康。因此，根据《强制检定工作计量器检形式及强检适应范围表》和《冷水水表检定规程》的规定：居民常用口径DN15mm，DN20mm的水表检测周期是6年（72个月）。水表由于使用频繁会受到磨损或变形等，其量值就会发生变化，从而影响精度，产出误差现象，使水表走得过快或者过慢的情况，通过计量周期检定可以保证水表计量的准确性和可靠性。

正确读取计量数据也是计量准确的另一个要求。现在，越来多的家庭使用数字显示的水表，相比老式水表辨认起来要方便得多。目前的数字水表有两种，虽然这两种水表都有5个数字，但它们也略有区别：第一种水表5个数字都是黑色的，表示多少吨；而第二种水表前4个数字是黑色的，

水表示意图

表示多少吨，第5个数字是红色的表示零点几吨；第一种水表有4个红色的指针，而第二种水表只有3个红色的指针，红色指针旁边的"×0.1"就表示"用指针指着的数字×0.1吨"，红色指针旁边的"×0.01"就表示"用指针指着的数字×0.01吨"，以此类推；将这几个数字加起来就是家里的用水量。

　　依据法律法规检定合格的水表加上正确的计量数据读数，才能明明白白交水费。

自家电能表显示值不准了怎么办？

说到缴纳电费，不得不提电能表，可能有些小伙伴并不清楚这是个什么电子仪表，但是一提到电度表，大家就秒懂了，其实就是我们用来查看用电度数的仪表，每家每户都有的，每次交电费时都需要对其数据进行查看，可是如果自家电能表显示值不准了该怎么办呢？赶快来了解一下吧！

在回答这个问题之前，首先需要给大家解释一下什么是"计量检定"的知识点。计量是指"实现单位的统一和量值的准确可靠"；检定是指"查明和确认计量器具是否符合法定要求"。那么计量检定合起来就是指"查明和确认计量器的量值是否准确可靠"了。

民用电能表属于国家规定的强制检定的范畴，是因为家家户户都需要向当地供电局缴纳电费，交费的依据就是自家门口的电能表（俗称电度表）显示的度数"kW·h"（单位读作：千瓦时）乘以每度电的价格。民用电能表是用于贸易结算的计量器具，它的显示值准确与否直接关系到广大人民

民用电能表示意图

群众的切身利益。所以，民用电能表在安装之前必须由县级以上人民政府计量行政部门（县级以上质量技术监督局）指定其所属的法定计量检定机构（计量院或产品质量计量检测所）或授权的计量技术机构进行强制检定。

经过计量检定的电能表应在其显要位置贴有检定机构的合格证，并在其表壳的螺丝处夹有检定机构的铅封，所以一块合格的电能表其铅封应是完好无损的。

国家明确规定法定计量检定机构和授权的计量技术机构要对使用中的电能表和存在纠纷的电能表进行免费检定，所以如果用户怀疑自家的电能表显示值不准确，不要私自拆卸，应先拨打供电局的客服电话，请专业维修人员过来拆表，然后送到当地计量院／所或者授权的计量技术机构进行计量检定。经过检定，如果电能表的显示值超过其最大允许误差，即为不合格表，用户就可以要求供电局更换新表。但往往还会有另一种情况，那就是专业实验室的检定结果是合格的，但您的电表却在"暴走"。如果不是电表的问题，那又会是什么原因呢？出现此类情况，就有可能是墙内的电线接地了，从而出现漏电，而且这种漏电现象比较严重，人们又难以察觉。另外值得注意的是，家里的饮水机、卫生间内的热水器等电器往往会循环加热，貌似不起眼，其实都是"用电大户"。有的居民家里会出现"没开电器，电表却在转"的情况，这是为什么呢？电视机、计算机等家用电器虽然已经关上，但只要没切断电源，就会消耗电能，所以电表在继续走。因此，建议大家不用电器时要切断电源，一来节省用电，二来更安全。

你会计算家用电器的耗电量吗？

在我们日常生活中，每家每户都安装了电能表，电能表上的 1 个字也就是 1 度电，那么 1 度电到底是多少，我们每月要用多少度电呢？

"电"是家用电器电冰箱、洗衣机、电视机、电饭煲、电灯泡等用电设备所使用的能源。这些电器上铭牌上印

到底用了多少度电？

有：220V200W、220V40W 等，这串数字中的 220V 表示这个电器正常工作需要 220 伏的额定电压，40W 表示这个电器在额定电压下工作时的电功率是 40 瓦特，瓦特（W）是功率的单位，简称瓦。度是电功的单位，度和瓦的关系是什么呢？在功率上再乘以时间，结果就是功，家用电器功的单位一般用千瓦时（kW·h）表示，千瓦时就是平时所说的"度"，它们之间的关系如下：1 千瓦时 =1 度，40 瓦的用电器工作 25 小时的耗电量为：0.04 kw×25 h=1kW·h（注：40W=0.04kW），也就是 1 度电。

电器的耗电量不仅与功率有关，还与使用的时间有关。最后还要提醒大家，在选择家用电器的时候，还需要关注家用电器上的"中国节能标识"，同等功率下能效等级越高越省电。现在赶紧回家算一算你家电器一天的耗电量吧。

燃气表小常识你都知道吗？

　　燃气表属于国家规定的强制检定的范畴，但是和其他强制检定计量器具不同的是，按照检定规程的规定，燃气表只做首次检定，限期使用，到期更换，使用期限不超过 10 年。新装配的燃气表应当在明显的位置粘贴强制检定标识。

　　燃气表属于容积式气体流量计，它采用柔性膜片计量室方式来测量气体体积流量。在压力差的作用下，燃气经分配阀交替进入计量室，充满后排向出气口，同时推动计量室内柔性膜片作往复式运

燃气表示意图

用，通过转换机构将这一充气、排气的循环过程转换成相应的气体体积流量，在通过传动机构传递到计数器，完成燃气使用量的计量。

燃气表的正确读数应该是：从左向右依次读起。这里有个小小的知识点，那就是计量计费读数时只读整数，小数位通常用红框标识，一般略去不计。

燃气表的进气方向：燃气表分为左进气和右进气，把燃气表读数面朝自己，燃气表两个通气口中间标有箭头，箭头指向右手就是左进气（箭头指向左手就是右进气）。由于燃气表都安装有防止逆转的装置，当气体流入方向与规定流向相反时，燃气表会停止计量，所以，只有正确安装燃气表，才能正常使用。

如果燃气表出现漏气情况，应立即关闭室内的燃气总阀，打开窗户，形成空气对流，使泄漏在室内的燃气散发到室外，降低燃气浓度，切记不要开、关任何家用电器（包括手机和电话），防止产生电火花，引发闪爆或者火灾。

你不知道的热计量

北方的冬天离不开暖气，暖气的收费依据就是热计量，也就是对供暖系统中的用户所消耗热能进行计量，并按热量收费。同水计量（水表）、电计量（电表）、燃气计量（燃气表）一样，热计量也是与千家万户生活息息相关的一种计量方式。为什么前三种计量方式大家很熟悉而对热计量很陌生呢？这是因为热计量实行晚还未普及，提起供热收费大家熟悉的仍是依据房屋面积为计算基础的方式，这种方式并不属于热计量。那么国家推行热计量对广大百姓又有什么好处呢？首先供热计量打破了供热"大锅饭"，用户可以根据自身需求在一定温度范围内调节室温、灵活用热，少用热少缴费；热费与用热量挂钩后，居民愿意买节能的房子，促使开发

暖气费该怎么算？

建设单位建保温更好、更节能的房子，同时热计量是一种更公平、更科学的计量方式。目前国家认可的供热计量方式主要有以下四种：一是热量表法，一户一表，即在楼内采暖住户用户热量表测量该用户采暖消耗的热量；二是散热器热分配法，利用散热器分配计所测量的每组散热器散热量比例关系，对建筑的总供热量进行分摊；三是流量温度法，利用每个立管或独立系统与热力入口流量之比相对不变的原理结合测量出的流量比例和各分支的三通前后温差，分摊建筑的总热量；四是通断时间面积法，以每户供暖系统通水时间为依据，分摊建筑的总热量。这四种方法各有优缺点，但是无论哪种方法较之依照供热面积收取费用都有着明显的优势，那就是计量更加精确，从而热能消费明明白白。

　　了解热计量和它的好处后，你家的取暖费是如何结算的？是否也觉得该尽快推行热计量呢？

经常使用温度计，它的知识你知道吗？

在我们日常生活中，计量无处不在。水表、电表、热能计、温度计、血压计等器具都少不了计量的"默默无闻"。今天就给大家普及一个最熟悉的计量"小能手"——温度计。

温度计是判断和测量温度的工具，有指针温度计和数字温度计两种。根据所测温物质的不同和测温范围的不同，还分为酒精温度计、水银温度计、气体温度计、电阻温度计、温差电偶温度计和辐射温度计等。

水银温度计和酒精温度计是家庭常用的温度计，水银温度计是膨胀式温度计的一种，可以测量（-39~357）℃以内范围的温度。家庭常用来测量体温的水银温度计，一般可以测量（35~42）℃的

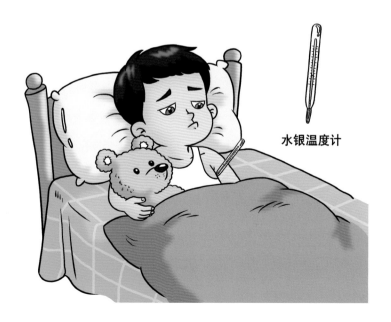

水银温度计

酒精温度计

温度。水银一般指化学元素汞，是呈现银白色闪亮的重质液体，汞常温下即可蒸发，汞蒸气和汞的化合物多有剧毒。因此，大多数人都知道，水银温度计摔碎后如果不及时处理是很严重的。曾有专家测试，一支标准的水银温度计含 1g 汞，这些数量的汞全部蒸发后，可以使一间面积为 $15m^2$，高 3m 的密闭房间内的汞浓度达到 $22.2mg/m^3$。而普通人在汞浓度为（1~3）mg/m^3 的房间里，只要两个小时就可能导致头痛、发烧、腹部绞痛、呼吸困难等。

　　酒精温度计，是利用酒精热胀冷缩的性质制成的温度计。酒精安全性比水银的好，其测量范围为（-114~78）℃，完全能满足测量体温和气温的要求，尤其在北方寒冷的冬季，因为酒精的凝固点在 -114℃，而水银的凝固点是在 -39℃，因此，对于温度较低时，运用酒精温度计会更为准确和安全，一般常见的酒精温度计的测量范围在（−50~50）℃之间。然而，酒精温度计的误差比水银温度计的要大，作为家用来测试身体体温时，还是主要选用水银温度计。

介绍了这两种生活中常见的温度计，那温度计究竟是谁发明的呢？早在公元 2 世纪，一位叫加莱的希腊医生提出建议，为了看病的需要，最好分四个等级来表示人体的冷、热变化。随着人们生活水平的逐渐提升，科研标准的不断改进，大约在 1599 年，著名科学家伽利略第一个研制出温度计。他用一个连接在玻璃球容器上的开口管子，将玻璃球预热或装入一部分水后倒放进水里，水在管子里上升的高度随玻璃球中气体的冷热程度引起的胀缩情况而变化。后来的温度计在此基础上不断改进，也根据需要形成了各种各样的温度计种类。

经常使用液体温度计，会产生"断线"的现象。主要原因是：一是液体中含有空气，二是运输和存放时有震动造成的。因此，在检定和使用前必须对温度计进行检查，如发现有断线现象应及时修复，否则就不能使用。

微波炉，是魔鬼还是天使？

微波炉，作为厨房的常驻嘉宾，给我们的生活带来很多的便捷。它体积小，操作简单，加热效率高达80%，为我们节省了很多时间，在如此快的生活节奏下，实在是必不可少的家用电器。但是，近年来，身边流传了很多关于微波炉的"传言"，例如，经过微波炉加工的食物营养物质会流失，甚至会致癌，微波炉工作时产生的辐射危害健康……于是，有些人选择对微波炉避而远之，旋开开关后会迅速撤离，躲得远远地；有些人索性就告别了"微波炉界"。但事实究竟是怎样的呢？微波炉表示：这个黑锅，我真的不想背啊！

微波辐射有害吗？当然有！那为什么微波炉能够问世，还普遍出现在大家的厨房里呢？因为有害的微波辐射，绝大多数都被"关"在了微波炉的炉膛内，不会"跑"出来危害人体。

那么微波炉真的能"关"住微波吗？当然可以。微波是电磁波的一种，由于波长较长，它具有较强的穿透性，可以穿透玻璃、塑料等介质而不被吸收。但是，它也具有"弱点"，它还具有反射性，遇到金属类物质时，微波会被反射。我们就是利用它的这个特点，用金属材质作为微波炉的腔体和外壳，用小于3mm孔径的金属网作为观察窗，这样就可以将微波"关"起来了。当然，微波炉还有门，这些并不密闭的地方，就让微波有了"可乘之机"，有机会"溜"出来。

那么微波炉辐射真的这么可怕吗？在食物加热的过程中，它产生的电磁辐射会对人体造成损害吗？如果有，伤害到底有多大？是否又存在着一个基本的安全距离呢?

　　微波的辐射安全,一直受到人们的重视。据了解,20世纪中期,由美国宾夕法尼亚大学及美国国家标准学会,经过大量的实验研究,将微波辐射的标准限值定为100W/m^2。随着研究的深入,同时考虑热效应和非热效应的因素,国际电工委员会制定微波炉的安全要求时,将微波炉正常工作状态微波泄漏限值,定为了50W/m^2。我国对电磁辐射的安全管理一直比较重视。自20世纪中期以来,我国先后由相关部门制定过多个有关微波辐射和电磁辐射的标准,用

于针对不同行业、不同情况下的微波辐射和电磁辐射的管理。其中，中国国家标准化管理委员会制定发布的 GB 4706.1《家用和类似用途电器的安全 第 1 部分：通用要求》和 GB 4706.21《家用和类似用途电器的安全 微波炉，包括组合型微波炉的特殊要求》，是我国的微波炉生产企业必须遵守的强制性标准。标准规定，距微波炉外表面 50mm 或以上任意一点，微波泄漏应不超过 50 W/m^2。

关于微波炉辐射的问题，有众多实验室和爱好者们都做过相关的实验，事实证明，微波炉的顶部、侧面、后面乃至正面的微波泄漏都是远远小于这个限定值的。而且，通过实验数据，我们可以发现，在距离微波炉 1m 以上的时候，微波泄漏的量是在几十甚至十几微瓦每平方厘米的量级，几乎不可能危害到我们的人体。因此，只要正确的使用微波炉，并在微波炉工作的时候尽量远离，就不用担心所谓的辐射危害啦。

所以，让我们尽情地享受微波炉烹饪的乐趣吧！

"作弊秤"是怎么坑人的?

如果我将 1kg 的砝码放在电子秤上,那么通过"作弊",可以在 1kg 基础上增重 400g。使用"作弊秤"的商家在给商品称重按单价时,会多按几个键,比如说这种电子秤有 M1~M8 键,每一个都代表不同的计量结果,而 M1~M7 出来的都是假结果,会比实际重量要重,只有 M8 键才是准确的。市民要是怀疑商家作假,可以要求关掉电子秤后重新开机再称重,或购物后及时到找到市场公平秤复秤。

以下是几种常见的电子秤作弊手法:

1. 垫角法

秤不放平则不准。为了坑害顾客,有的商贩故意将桌子放斜,或是用硬币、纸板垫高秤身一角,造成缺斤少两。

2. 连盘出售法

商贩有意不将秤盘放在秤上，待顾客购物时，按上单价数字后，再将放有商品的秤盘放在秤上计量，结果秤盘的重量也就成了商品的重量，计算在价款之内了。

3. 留底数法

空秤时字幕应该全部是零，但有些商贩却在左面重量的数字中先储存一定的底数，顾客购物时，那些先储存的底数，也就连同所购商品一并计算了价款。

4. 冲击法

空秤时将商品重重地丢进秤盘，冲击力使秤的重量数在一瞬间被人为地加大，待顾客还未来得及细看时，商贩手快口快已将商品拿起，随即报出价款。

5. 遮字幕法

有的商贩故意将商品等物品堆于电子秤的字幕屏前，使顾客看不清楚字幕上的单价，然后信口开河、乱报重量和金额。

6. 技术作弊法

如加装遥控器，虽然这种办法在地磅（汽车衡）上比较常见，但现在许多不法商贩也开始使用了。或者更改 IC 资料，操作简单，消费者以为店主是在输入价格，其实他已经通过数字键盘更改了物体的重量。再就是加装隐蔽小按键，通过简单碰触，使物品重量大增。

以上这些作弊行为都是违反《计量法》的贸易公平工作原则，均为违法行为。希望大家能够了解，明明白白消费。

你为"包装"买单了吗？

现如今，我们购买袋装、盒装等包装商品已越来越多，这些"在一定量限范围内，具有统一的质量、体积、长度、面积、计数标注等标识内容的预包装商品"就是定量包装商品。我们实际所购买的、需要的是包装里面的商品，而不是那些包装物，因此包装里面商品的量准确与否极为重要，直接关系到我们的利益。

商品的包装上通常标有"净含量"。净含量指的是去除包装容器和其他包装材料后内装物的实际质量、体积、长度、面积等，不

过度包装！

包括包装量。也就是说不论商品的包装材料、还是任何与该商品包装在一起的其他材料，均不得记为净含量，如方便面中的调料包、塑料叉子等不记为净含量。按照相关的法律要求，商品包装上的净含量应在显著位置正确、清晰地标注，由中文、数字和法定计量单位组成，"净含量"本身使用中文，"数字"指具体数值，"法定计量单位"使用符号或中文，例如：

以质量标注的商品应用 g（克）、kg（千克）来表示；

以体积标注的商品应用 L 或 l（升）、mL 或 ml（毫升）来表示；

以长度标注的商品应用 mm（毫米）、cm（厘米）、m（米）来表示；

以面积标注的商品应用 mm^2（平方毫米）、cm^2（平方厘米）、dm^2（平方分米）、m^2（米）来表示。

还有就是在购买礼盒装的食品或化妆品时，要注意包装是否过度，主要有包装空隙率、包装层数、包装材料等几个方面。食品和化妆品的礼盒包装层数不应超过三层（粮食类不应超过两层），包装材料不应过于奢华（包装成本不得超过销售价格的20%）。消费者还应当注意礼盒内是否有搭售不相关的物品，包装的空隙也不宜过大。对于过度包装的商品，消费者应当坚决抵制，避免把钱花在看不见的包装上，造成资源浪费。

如何保证医疗设备的准确可靠?

患者在去医院就诊时可能会注意到,现代医学越来越依赖于各种医疗设备的化验和检查结果。比起传统的望闻问切,医生更愿意借助各种设备的检查结果对疾病进行诊断和治疗。在常规医学检查中,测量血压需要血压计,测心电需要心电图机,做血常规化验需要生化分析仪等。在病房或手术室也经常使用一些高风险医疗设备,

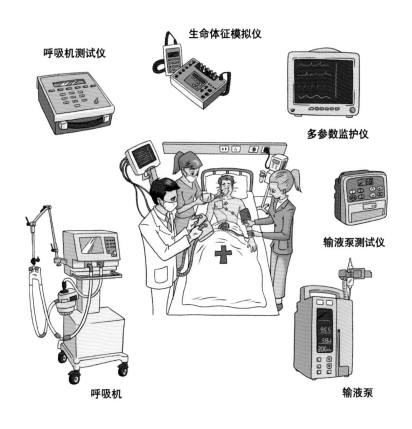

呼吸机测试仪

生命体征模拟仪

多参数监护仪

输液泵测试仪

呼吸机

输液泵

例如，帮助病人呼吸的呼吸机，用来给病人输液的输液泵，用于做血液透析的血透机等。

如果这些诊断设备测量不准确或者治疗设备的输出量不准确，就有可能导致误诊、漏诊，甚至危害患者的生命健康和生命安全。那么，这些医学设备给出的结果到底准不准确？又怎么知道仪器现在的运行状况和测量结果是否准确呢？

对于在用的医疗设备，医院会通过质量控制体系来保证设备正常运行。此外，对于属于计量器具的医疗设备，各省市地区计量机构会定期到医院，利用医学计量标准器具对这些医疗设备进行检定或校准，以保证其量值准确性。例如，使用心电图机检定装置对心电图机的幅值、频率等参数进行检定；使用生命体征模拟仪对多参数监护仪的心电、脉搏、体温、血压、血氧等参数进行检定；使用输液泵测试仪对输液泵的流速等参数校准。这些用于检测医疗设备的医学计量标准器具也会定期送至国家计量院，再利用其研制的一系列医学计量校准基站对这些计量标准器具进行检定和校准。通过这样一环一环的检定和校准，使这些医疗设备的参数溯源至国家各个基准，保证其测量和输出值的准确和统一。

经过周期性计量检定或校准的医疗设备，其测量或输出值的误差都会符合一定的要求。除了设备在允许范围内的误差，患者个体差异和生理状态改变也会造成医学检查结果的变化，医生也会综合多方面因素考虑后再给出诊断结果和治疗方案。

两分钟看懂呼吸机

现如今，很多医院题材的电视连续剧深受广大观众的好评。在银幕里，医生急救病人的过程中使用了多种医学专用设备，相信大家记忆犹新的场景是急救医生切开了病人的气管，插入好多"管子"的急救画面。究竟这些管子是用来干什么的，叫什么名字，和计量有什么关系呢。

原来这就是呼吸机，其采用机械自主通气的方式，抢救或治疗呼吸功能不全或呼吸衰竭病人的一种机械通气设备，强制或辅助病

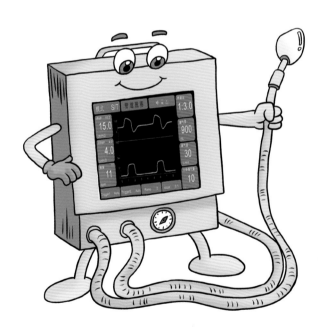

呼吸机示意图

人完成呼吸动作，是现代社会常用医疗装备之一，大量应用在急诊、重症监护病房中。呼吸机的四大工作参数包括：潮气量（VT）、呼吸频率、呼吸比（I:E）以及呼吸终末正压（PEEP）。

潮气量（VT）：人在安静时每一次呼吸，吸入或呼出的气量，一般大约为（200～500）mL。成人按 10mL/kg 体重估算，儿童按（15～23）mL/kg 体重估算。它与年龄、性别、体积表面、呼吸习惯、肌体新陈代谢有关。还要根据胸部起伏、听诊两肺进气情况、参考压力二表、血气分析进一步调节。

呼吸频率：接近生理呼吸频率，新生儿（40～50）次/分，婴儿（30～40）次/分，年长儿（20～30）次/分，成人（16～20）次/分。潮气量×呼吸频率＝每分钟通气量（MMV）。

吸呼比（I:E）：吸气时间和呼气时间的关系比例，是一种定义时间切换的方式。一般为 1:（1.5～2），阻塞性通气障碍可调至 1:3 或更长的呼气时间，限制性通气障碍可调至 1:1。

呼吸终末正压（PEEP）：机械呼吸机在吸气相产生正压，气体进入肺部，在呼气末气道开放时，气道压力仍保持高于大气压，防止肺泡萎缩塌陷。

如何合理地监测血压？

在中国，每 10 个成年人中就有 2 个高血压患者，患上高血压不可怕，可怕的是没有好好控制，从而引发脑卒中和心肌梗死。所以，高血压病人，在日常生活中进行血压监控很有必要，可以帮助自己了解血压状况和身体健康情况。那么，我们日常测量血压应该注意些什么呢？

大家都知道，我们的心脏每时每刻都在跳动，它把自己内部的血液从心脏中泵到血管中去，血液通过血管流向身体的各个部位，给身体的每个部位提供营养。心脏泵出血液之时，在血管中会形成一定的压力，这个压力就是我们通常所说的血压。使用特定的医疗器械可以测量血管内的压力，但通常采用水银柱式血压计、压力表式血压计和电子血压计等血压测量器械亦可以在血管外部测出血压指数。在医院，专业医护人员多使用水银柱式血压计为患者测量血压；在救护车和救生盒中常备的则是压力表式血压计；而在家庭中，操作方便的电子血压计最受百姓欢迎，也最常用。

在测量血压时有四大因素会影响测量读数的准确性。首先，测量血压可选择身体的不同部位，比如：上肢、下肢均可，可是在不同部位测得的血压结果会稍有不同。一般而言，最常选择上臂进行测量。如果你是第一次测量血压，就需要分别测量左、右两侧上臂的血压，日后再测量时，建议选择血压值读数偏高的一侧。其次，血压计连接充气气囊袖带或腕带带子的宽度也会影响所测量的血压值。因此，成人与小儿应选用不同规格的气囊袖带。再次，袖

带要紧贴上臂皮肤，不可隔着衣服捆绑袖带，袖带下缘应处于肘弯以上2.5cm处。袖带充气放气即开始测量血压，反复操作两次获得读数后所取的平均值就是你的血压值。如果两次所测值之差超过5mmHg，则需重新测量。最后，测量血压前30分钟不可饮用茶与咖啡等一类饮品，亦不可吸烟，最好能够排空膀胱，静坐休息5分钟后才再开始测量，这样所测的血压值才比较可靠。

测量血压我们通常采取坐位姿势，要求上臂与心脏水平等高。如果在家中自测血压，应尽量选择经过验证的上臂式全自动或半

测量血压示意图

自动电子血压计来测量血压。测量血压后会得到两个读数，前一个读数是心脏收缩时生成的压力，称作收缩压；后一个读数是心脏舒张时保持的血管压力，又被称作舒张压。计量单位为 mmHg 或 kPa，二者可以换算，1mmHg 等于 0.133kPa，现在的血压测量通常使用 mmHg 作为单位。一个健康成年人的正常收缩压不应高于 120mmHg，舒张压则不应高于 80mmHg。

35 岁以上成年人每年至少需测量血压一次。如果收缩压在（120~139）mmHg 之间，舒张压在（80~90）mmHg 之间，就达到了正常血压的高值界限。一旦连续三天测量血压收缩压都超过 140 mmHg，舒张压超过 90 mmHg，就高度怀疑患上高血压病，需要前往医院进行确诊。医生会对你的健康状况进行分析和评估，制定出合适的干预措施和治疗方法。可见，在日常生活中，人们学会基本的血压监控，对自己的身体健康很有帮助。

"酒驾"了吗？

根据 2008 年世界卫生组织的事故调查，大约 50%~60% 的交通事故与酒后驾驶有关，酒后驾驶已经被列为车祸致死的主要原因。我国有关部门早就大力控制驾驶人员饮酒，并对驾驶人员饮酒后驾驶的处罚作了明确和清晰的法律规定。

根据 GB19522—2010《车辆驾驶人员血液、呼气酒精含量阈值与检验》中 4.1 规定，饮酒后驾车是指车辆驾驶人员血液中的酒精含量大于或者等于 20mg/100mL，小于 80mg/mL 的驾驶行为；醉酒后驾车是指车辆驾驶人员血液中的酒精含量大于或等于 80mg/100mL 的驾驶行为。

该标准明确的作出什么叫饮酒、什么叫醉酒，即驾驶人员的每 100 mL 血液中如果含有（20~80） mg 的酒精就可视为饮酒驾驶；驾驶人员的每 100mL 血液中，如果含有 80 mg 以上（含 80 mg）的酒精就可视为醉酒驾驶。

但是我们是用呼出气体酒精测试仪来测量被测人员的呼出气体的，又如何换算成血液的酒精浓度呢？饮酒后，酒精经

血液循环带到全身，当然也会被带到肺部，据国外大量统计表明：饮酒者血液中的酒精浓度（BAC）为呼出气体酒精浓度（BrAC）的 2000~2200 倍，在我国采用的 2200 倍标准，即测出被测人的呼出气体酒精浓度乘上系数 2200 就是其血液酒精浓度了，呼出气体酒精测试仪就是以此为依据标出血液酒精浓度的。

那么酒精测试仪分几类呢？目前普遍使用的呼出气体酒精测试仪主要有两类，即燃料电池型和半导体型。

1. 燃料电池型

燃料电池型呼气酒精测试仪采用燃料电池酒精传感器作为气敏元件，它属于电化学类型，因此又称为电化学型。燃料电池是当前全世界都在广泛研究的环保型能源，它可以直接把可燃气体转变为电能，而不产生污染。作为酒精传感器只是燃料电池的一个分支。燃料电池酒精传感器采用贵金属白金作为电极，在燃烧室内充满了特种催化剂，它能使进入燃烧室内的酒精充分燃烧转变为电能，也就是在两个电极上产生电压，电能消耗在外接负载上。此电压与进入燃烧室内气体的酒精浓度成正比，这就是燃料电池型呼出酒精测试仪的基本工作原理。

2. 半导体型

半导体型是采用氧化锡半导体作为传感器，这类半导体器件具有气敏特性，当接触的气体中其敏感的气体浓度增加，它对外呈现的电阻值就降低，半导体型呼气酒精测试仪就是利用这个原理做成的。

半导体型的主要缺点是其抗干扰能力差，另外其测量的长期稳定性和重复性比较差，所以执法部门基本都不采用。

"电子警察" 那些事

1998 年 3 月，中央电视台《东方时空》节目中，首次使用了"电子警察"一词，这是"电子警察"这一概念第一次出现在公众视野中。所谓"电子警察"，即机动车超速自动监测系统，是机动车超速违法行为监控与图像取证系统，其工作原理有雷达多普勒频移原理、地感线圈测速原理和激光测速原理。

1. 雷达多普勒频移原理的机动车超速自动监测系统

雷达测速仪发射一个固定频率（例如 24000 兆赫）的脉冲微波，如果射在静止不动的车辆上，反射回来，反射波频率不会改变；如果车辆在行驶，并且速度很快，反射波频率与发射波的频率就不相同。通过对这种微波频率细微变化的精确测定，求出频率差异，通过电脑换算可以计算出车速。雷达测速仪一般有移动式和安装于高

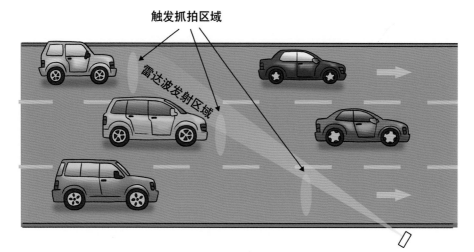

窄波雷达发射波形图

速公路的固定式两种。

2. 地感线圈测速原理的机动车超速自动监测系统

这类测速仪通过埋设在地下的线圈感应器检测移动车辆切割磁力线而产生的电磁变化，从而检测出机动车的状态，换算出车速。线圈感应式测速仪一般安装于公路，线圈埋在地下。

3. 激光测速原理的机动车超速自动监测系统

激光测速仪是采用激光测距的原理。激光测距（即电磁波，其速度为30万公里／秒），是通过对被测物体发射激光光束，并接收该激光光速的反射波，记录该时间差，来确定被测物体与测试点的距离。激光测速是对被测物体进行两次有特定时间间隔的激光测距，取得在该一时段内被测物体的移动距离，从而得到该被测物体的移动速度。

这么看来，"电子警察"很厉害，任何超速行为都逃不过它们的眼睛。同时，它们也是属于强制检定工作计量器具，需要每年进行一次强制检定，确保其测量结果准确可靠。为了避免影响交通，计量检定人员一般都在深夜对固定式"电子警察"开展强制检定。

鸣笛捕捉神器的小秘密

虽然很多城市规定了部分区域内禁止乱鸣笛，但是由于取证困难，很多司机不顾规定，任意鸣笛，严重影响了公共交通和市民生活。但从 2016 年起，这种局面将有所改变，因为一位新的"电子警察"——违法鸣号现场查处辅助系统，闪亮登场，此"电子警察"

鸣笛捕捉器工作示意图

堪称鸣笛捕捉神器，一旦鸣笛，车辆照片和声音分布图将实时抓取并显示，真所谓鸣笛必被抓，有图有真相。

如此厉害的鸣笛捕捉神器到底有什么秘密呢？我们知道，传统的声音采集都只靠单独的一支麦克风来进行，它虽然能够测量鸣笛的大小，但是会受到背景噪声的干扰，将鸣笛和其他声音混淆，更无法探测鸣笛的具体方向。而鸣笛捕捉神器的特点在于由一组麦克风组成，每个麦克风都可以单独对鸣笛进行采集，通过对这些鸣笛信号进行分析处理，建立关系模型，不仅可以有效去除马路上嘈杂的背景噪声干扰，而且能够将鸣笛和其他声音分开，从而最终锁定鸣笛的方位。该鸣笛捕捉神器一方面可以将不同位置的声音分布图显示出来，另一方面还可以将位置信息传递给摄像头对违章车辆进行拍照取证。这项技术最早被用于军事当中，当狙击手开枪之后就可以锁定狙击手的位置，同时指挥火力进行反击，如今被用于人民的日常生活，依然黑科技范儿满满。大家以后开车可一定不要随便鸣笛了。

眼镜度数知多少？

据 2016 年《国民视觉健康》白皮书研究显示，中国每 3 人中就有 1 人患有近视。不难发现，我们周围越来越多的人开始佩戴眼镜，以便能够正常地学习、工作和生活。

一谈到眼镜，人们最熟悉的参数就是镜片度数，比如大家常说的近视 100 度、老花 200 度等等。其实，这个"度"在计量学中有专业的名词术语，即"顶焦度"。

顶焦度是以米为单位测得的镜片近轴顶焦距的倒数。一个镜片含有前、后两个顶焦度，如不做特殊说明，眼镜片的顶焦度一般均指其后顶焦度。后顶焦度定义为以米为单位测得的镜片近轴后顶焦距的倒数。镜片后顶点到近轴后焦点的距离称为近轴后顶焦距。后顶焦度的单位是米的倒数（m^{-1}），单位名称为屈光度，符号用"D"表示。例如，200 度近视镜片即可表示为后顶焦度 −2.00D，300 度远视镜片即可表示为后顶焦度 +3.00D。在实际生活中，为便于换算，人们可以近似地认为 1D ≈ 100 度。

　　我国早在 20 世纪 90 年代就建立了"顶焦度国家计量基准"，是我国眼科光学领域内最高的国家计量基准，负责全国眼镜行业顶焦度计量参数的量值传递和溯源，在保护消费者视力健康、保证镜片度数准确可靠方面起到了重要作用。

如何选择隐形眼镜？

接触镜，俗称隐形眼镜，是用于配戴在眼球前表面的一类眼科镜片，属于国家三类医疗器械，其质量好坏直接关系到消费者的视力健康。

接触镜按其保持形态可分为硬性接触镜和软性接触镜两大类，所谓硬性接触镜，是指其最终形态在正常条件下不需要支撑即能保持形状的接触镜，比如大家所熟知的角膜塑形镜（又称 OK 镜）；软性接触镜是指需要支撑以保持形状的接触镜，比如各类美瞳、日抛、月抛型镜片。由于接触镜具有佩戴美观、方便、视野大等优点，受到越来越多消费者的喜爱。

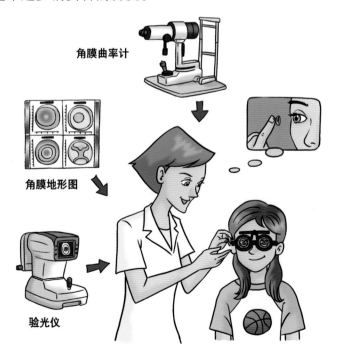

角膜曲率计

角膜地形图

验光仪

消费者要配戴一副合格舒适的接触镜，验光准确、接触镜质量合格是前提，而这都需要计量提供保障。在接触镜的验光过程中，需要使用各类的验光检查仪器，如：角膜曲率计、角膜地形图、验光仪等，这些设备通过计量检定和校准，保证给出的验光检查结果准确可靠。评价接触镜质量的参数指标多达 20 余项，包括顶焦度、光透过率、曲率半径、折射率等，涵盖了光学、几何尺寸、材料的物理化学性能等多个领域，任何一项参数都影响着接触镜的质量和配戴效果，而这些参数的准确测量也离不开计量。通过在全国范围内建立接触镜关键参数的计量标准，并配套制定计量检定规程和校准规范，可以保证接触镜类测量仪器，如：焦度计、曲率半径测试仪、折射率测试仪等准确可靠，量值有效溯源。接触镜用测量仪器准确了，接触镜各项参数也就测量准确了，这样消费者配戴的接触镜质量就得到了保障。

　　可见，虽然只是一枚小小的镜片，背后却涉及了诸多参数和仪器的计量，可谓小镜片里藏着大计量啊！

框架眼镜的质量提升为何离不开计量？

配装眼镜，俗称框架眼镜，包括定配眼镜和老视成镜两种。其中定配眼镜是根据验光处方或特定要求定制的框架眼镜，比如常见的通过验光定配的近视镜、散光镜等；而老视成镜是由生产单位批量生产的用于近用的装成眼镜，比如具有一定度数的老花镜。在眼视光学领域，配装眼镜、接触镜和屈光手术是矫治屈光不正的三种常用方法，出于安全等因素的考虑，消费者大多选择配戴配装眼镜来矫正视力，而配装眼镜的质量好坏直接影响着消费者的视力健康。

评价配装眼镜的基本参数包括顶焦度、柱镜度和轴位、棱镜度、光透过率、光学中心水平距离偏差、光学中心垂直互差、光学中心单侧水平偏差、厚度等。任何一项参数都影响着配装眼镜的配戴质量和视力矫正效果，而这些参数的准确测量都离不开计量。我国计量专家早在20世纪90年代就开展了眼科光学领域的计量研究，建立并保存了验光仪顶焦度、折射率、眼镜片中心透射比等多项国家计量基标准，通过在全国范围内建立眼镜片关键参数计量标准，并配套制定计量检定规程和校准规范，为配装眼镜类测量仪器，如：焦度计、光透过率测量装置、验光仪等提供计量检定方法和依据，从而保证该类设备给出的测量结果准确可靠，量值有效溯源。

鲜牛奶背后的故事

鲜牛奶是很多人早餐的必备，您是否想知道在这个每天与我们相伴的朋友背后到底隐藏着什么样的计量故事吗？那么，接下来，有请鲜牛奶来讲讲它背后的故事。

大家好，我是鲜牛奶，我还有另外一个名字是巴氏鲜牛奶。我是牛奶家族中的老大，相信大家对我们家族一定不陌生。

我们家族成员个个都是饮料中的白富美，这是因为我们不仅从外表看肤色白皙，更重要的是我们身体中含有丰富的蛋白质、脂肪、钙、铁、磷等元素。虽然我们营养丰富，但我们刚刚出生时是生奶，不能直接饮用，因为伴随我们出生的还有大量的微生物，它们会让人类生病。因此，为了让人类喝上卫生和健康的牛奶，我们背上行囊去学习消毒灭菌的本领了……

作为牛奶家族的老大，我是最早学会这一本领的。我的老师是路易·巴斯德，他是法国著名的微生物学家，是近代微生物学的奠基人。路易·巴斯德是微生物学鼻祖，19世纪最伟大的科学家之一，研究出巴氏杀菌法，即在（60~70）℃的温度下进

路易·巴斯德研究巴氏杀菌法

行杀菌，时间持续半小时，由此拯救了法国葡萄酒产业，并发明了巴氏鲜牛奶。

1856年，法国葡萄酒产业遇到了一个令人头痛的问题，那就是葡萄酒被一种叫乳酸杆菌的微生物污染而口味变酸，如果用煮沸或者高温的方式，虽然可以杀死乳酸杆菌，但是葡萄酒的风味会大打折扣。于是我的老师巴斯德通过多年的研究发现，以65℃的温度加热葡萄酒30分钟，就可以杀灭葡萄酒内的乳酸杆菌，并能保留葡萄酒风味，另外他还惊喜地发现，这个方法还能帮我杀灭体内的其他微生物。因此，为了纪念这一伟大的发现，这个方法被命名为巴氏灭菌法，我也有了一个响亮的名字——巴氏鲜牛奶。

后来，随着加工方法的不断更新和发展，我的其他家族成员也相继出现。和其他的成员相比，因为我的加工温度低，所以我的优点是营养更为丰富，口味更接近生奶，但我有一个最大的缺点就是寿命远低于其他成员，只有（3~4）天。

牛奶的家族成员

家族成员	优点	保存条件与时间
鲜牛奶【包装标注巴氏杀菌（60~70）℃】	营养最丰富、口感最天然	冷藏（3~7）天
常温奶（包装标注超高温灭菌130℃）	保鲜时间最长	常温30天~8个月
还原奶（复原奶）	最香甜	常温（9~15）个月
奶粉	保存时间最长	常温（1~2）年
酸奶	最容易消化吸收	冷藏（2~3）周

您别小看这（3~4）天，在出厂前，我们要进行严格的体检，包括外观检查和理化检查，还有微生物检查，微生物检查项目最耗时间。目前现行标准中指定的微生物检验采用的是平板培养计数法，我们首先被添加到培养皿上，接着注入培养基，然后通过混匀，让我体内的微生物均匀分布在培养基表面，经过 37℃ 培养后，每个微生物就可以长成一个肉眼可见的菌落，最后进行菌落计数。微生物的大小相当于人类头发丝直径的七十分之一，如此微小的微生物繁殖一代需要几十分钟，当它们生长成肉眼可见的菌落大致需要好几天的时间。整个培养过程需要整整 2 天，因此，我从出生到与大家见面也延迟了 2 天的时间。和我（3~7）天的寿命相比，这 2 天显得极为漫长。此外呢，由于现行标准中的平板计数方法的不确定度大，可靠性不高，我的体检报告往往会被误判而影响人类健康或被冤枉成不合格的产品，这就是我一直以来的苦恼。

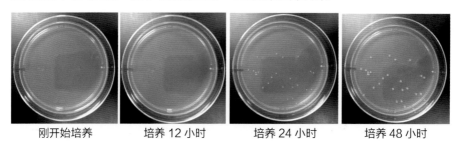

刚开始培养　　　培养 12 小时　　　培养 24 小时　　　培养 48 小时

鲜牛奶中微生物菌落生长与时间的关系

让我欣慰的是，计量科研人员得知我的苦恼后，经过多年的时间，他们研究出了一种荧光物质可以标记到我身体里的微生物上，激光照射荧光物质就可以发出特有的荧光，通过流式分析技术就可以很快监测到我体内的微生物。流式分析技术最早是用在细胞的检测中，然而微生物仅是细胞大小的十分之一，因此，科研人员们通过改进原有的技术，发明了微生物流式测量方法。当我们从生产线上下来后，立即被科研人员注射进了这种荧光物质，它们很快标记在微生物上，随后我和体内的微生物从仪器的液流系统游进去，此时微生物随着液流一个一个排成长队依次进入检测区，经过激光光源时，微生物就会被激发出特有的荧光而被探测器及时监测到，将数据传输到计算机分析系统对微生物精确计数。新方法只需要大约30 分钟就可以完成我的体检，而且精准度和可靠性也提升了 5 倍以上。

相信随着新方法不断成熟与应用，不久的将来，我就可以提前 2 天从工厂里出来与大家见面了。

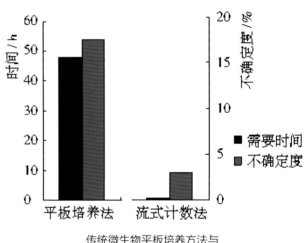

传统微生物平板培养方法与微生物流式测量方法的比较

以上就是我的自述，目前我国计量工作者正在与国内乳品企业开展生产试用性研究，希望实验室的这项研究成果能尽快走上市场，应用在我和其他家族成员，以及其他食品微生物检测中，让老百姓喝上更新鲜、更放心的牛奶。

为什么在市场买肉、菜时，它们看起来颜色很"新鲜"？

不知道大家在平常的生活中有没有发现以下的几种情况：当你在肉摊前，总是会发现肉摊上的肉看起来是那么新鲜；而当你买回家以后，却变成了……

在超市中的肉

买回家中的肉

水果摊上的水果，是那么的饱满、色泽鲜艳，蔬菜总是那么新鲜、翠绿欲滴；然而，当你买回家之后……

在超市中的水果

买回家中的水果

为什么会出现这种情况呢？

其实这是因为不同环境照明光会影响人对于物体颜色的感知。这种现象在生活中很常见，只不过我们平时不注意而已。有时环境光会让物体颜色显得黯然失色；反之，有时使用同色系的光照明，或者颜色饱和度更高的光，可以使物体的颜色变得更加鲜亮。

　　如果你仔细观察会发现，超市里甚至很多路边的摊位上方经常会装有特殊的灯——LED 生鲜灯。生鲜灯有很多种类型，会发出不同颜色的光，用在不同类型的商品上。在生鲜灯的照耀下，蔬果色泽更鲜艳，肉类看上去也更新鲜。

　　这些灯具之所以造成颜色"假象"是由于生鲜灯往往只投射在特定的区域，如果不仔细观察，客户便难以注意到这个不同于普通日光的"环境光"的影响，从而便会对产品的颜色进行误判，于是就出现了上文所提到的情况。所以，下一次再逛超市等地方时，一定要留意那里的"灯光迷阵"，把产品从带有特殊光照的货架上拿开，在正常的照明灯下仔细观察一下，再决定要不要买。

　　不光在我们的日常生活中，甚至在进出口贸易结算中，有一些品级价格与颜色直接相关的商品，例如大米、棉花等，需要排除环境照明光的影响，通过计量校准的色度测量仪器对这些商品进行准确的颜色测量，从而实现客观准确的级别评判。

临床检验的准确性和溯源性如何保障？

几乎每个人都曾有过化验血常规的经历，无论是日常的体检还是疾病的诊疗，化验单里的数据可以有效帮助医生对我们的身体状况或病情进行分析和判断。可见，化验结果的准确与否至关重要。

怎样才能实现不同医院之间检验结果的统一？怎样才能保证临床检验的准确性呢？这就需要医学生物计量的支撑，医学生物计量可为临床检验提供准确性和溯源性保障。

临床检验的准确性和溯源性，不仅与人民群众的生命健康息息相关，而且与减少人民医疗费用的负担也紧密相关，所以备受百姓和政府关注。医学检验分为临床化学、临床微生物学、临床免疫学、血液学、体液学和输血学等几大分支学科。目前可以溯源到 SI 单位的临床检验，仅为临床化学的一部分，而其他大部分医学检验的溯源性和准确性还仍是世界性的研究热点和难题。

如果把人体比作一栋房子，细胞就是组成房子的砖块。只有健康的细胞，才有健康的人体。细胞检测仪器主要有血细胞分析仪、尿沉渣分析仪、流式细胞仪、显微镜以及集成了显微镜和 CCD 成像系统的多种体液细胞、癌细胞分析设备等几大类型，主要应用于免疫学、血液学、体液学等领域的检验，进行观察、分类和计数特殊形态的细胞。

由于细胞本身具有功能复杂，形态变化范围较大、稳定性较差等特点，因而细胞测量仪器呈现出设计复杂、容错率高、依

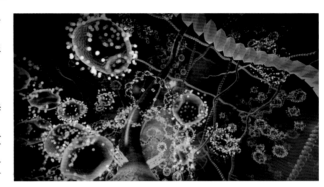

细胞结构示意图

赖人工分拣等特点，迫切需要计量准确性和量值溯源性的保障。细胞测量仪器在使用前，甚至在使用过程中都要精心进行调试，以保证工作的可靠性和最佳性。有的测得值是相对值，因此需要在使用前或使用中对系统进行校准或标定，这样才能通过相对测量获得准确的量值。因而细胞测量仪器的校准具有双重功能：仪器的准直调整和定量标度。

为了解决计量校准问题，计量专家研究制定了多种细胞测量仪器的校准规范，研制了多种标准物质和计量标准器，服务于包括血细胞分析仪、流式细胞仪、尿沉渣分析仪等国内外近10个品牌的30多种型号仪器设备的计量校准或测试。

国际计量局物质的量咨询委员会（CCQM）也组织了多项国际比对，例如流式细胞仪淋巴细胞测量比对、流式细胞仪干细胞测量比对、荧光显微镜体细胞测量比对等，来保证细胞测量仪器的量值统一和有效溯源。

轴重秤的神通之处在哪里？

古时曹冲称象的故事，想必大家都知道吧？小小年纪的曹冲，面对庞然大物的大象，也能轻松想出称出其重量的方法。那么，在现代，面对那些硕大无比的汽车，甚至是加长货车，究竟如何来称重呢？我们再也不用像古代人那样麻烦

轴重秤称重示意图

啦，只需要用到轴重秤这一个神物，便可以轻松称出它们的重量了。

轴重秤，它还有个全名，是动态公路车辆自动衡器，主要由高精度称重传感器、智能动态仪表、秤台、轮轴识别仪和光栅组成。当车辆轮轴通过秤台时，会有车辆的单轴或轴组的重量，然后，当光栅检测到整个车辆已经完全通过后，仪表将自动累加各轴重，这样我们就知道整车总重量了。

轴重秤的神奇之处还有很多，对于车身特别长或轮轴特别多的货车，可以不停车称量。它的优点也相当多，例如称量迅速准确、操作使用方便、安装维护简单，建筑成本低、拆移方便、占地面积小等。

我国高速公路实行计重收费，因此轴重秤广泛应用于高速公路。除此之外，轴重秤还能广泛应用于交通、建筑、能源、环保等行业的低值物料的称重计量。

使用乙醇汽油会增加油耗吗？

　　2017 年国家发展改革委、国家能源局、财政部等十五部门联合印发了《关于扩大生物燃料乙醇生产和推广使用车用乙醇汽油的实施方案》。根据该方案，到 2020 年，全国范围内将基本实现车用乙醇汽油全覆盖。

　　乙醇汽油是一种由乙醇和普通汽油按一定比例混配形成的新型替代能源。国家推广使用乙醇汽油，主要是能源战略需要，是为了缓解石油资源短缺，改善能源使用结构，开发石油替代资源，改善

汽车尾气排放和大气环境质量。从节能环保，提高能源利用率的角度出发十分具有推广和使用价值。

但是方案一出，网友们都炸开了锅，不少人内心都充满了疑惑，有人认为使用乙醇汽油会增加汽车油耗。那么事实究竟是怎样的呢？让我们用计量数据来分析一下。

乙醇汽油热值比普通汽油低3%，但密度比普通汽油高1%。相同燃烧率下单位体积的乙醇汽油所产生的热量比普通汽油低4%。但是乙醇汽油比普通汽油的含氧量提高3.5%，使汽油燃烧时一氧化碳和碳氢化合物燃烧更充分，可增加2%热量。乙醇汽油和普通汽油的热值在数据上有差异，但精确计量后结果差别很细微，反映在油耗上差别小于1%。油耗上没有经过科学计量或测算，不同批次油品本身也存在指标差异，不能成为科学依据，因而大家也不必过分担忧。

加油时频繁"跳枪"影响加油量吗？

在加油时，您是否遇到过油枪不断跳枪的情况？您是否会担心这是加油站为了增加加油量而使出的一些小花招？究竟真相是什么？首先我们来了解一下加油枪频繁跳枪的原因。

为了避免加油过程中出现油液的外溢，加油机都采用自动封闭加油枪（以下简称自封油枪）。使用自封油枪加油，当油液注满容器时，油枪阀门可自动关闭，停止加油，保持油液不外溢，确保客户的利益不受损害。

加油过程中，由于油枪口距油液面的距离变小、油箱注油口较小、或者油枪的插入方位等因素影响，可能使油枪嘴前端进气嘴与油箱注油口接触，不便吸入空气，使空气不易向开关膜上腔补充，导致开关膜上腔的压力变小。与开关膜下腔的压差 Δp 达到设定值后，开关膜失去平衡，引起自封油枪频繁关闭，就是我们常说的"跳枪"。

加油过程中，加油枪正常工作的动力源——潜油泵把燃油提到流量测量变换器，经变换器测量后注入受液器。假设 p_1 为流量测量变换器进口的压力，p_2 为流量测量变换器出口压力，只有当 $p_2<p_1$ 时，流量计才向油枪供油，正常情况下软管的压力等于 p_2，也就是平常情况下软管中的油液是注满的。随着开关的开启、关闭，能及时注油，油枪突然"跳枪"中断加油，燃油在油压的作用下，会继续推动流量测量变换器转动，继续往加油软管内供油，直到加油软管内的油压和流量测量变换器进油口的油压相等，流量测量变换器才停止转动。因此，频繁"跳枪"时加油软管压力变化对加油机的计量没有影响。

早晚加油更划算吗?

坊间流传，早晚加油更划算！同样钱数的油量大不相同，这也就是为什么加油站总是早晚排着长队的原因。那么这种说法到底是不是真的呢？让我们一起来分析一下。

零售商品油采用的是升（体积单位）为计量单位，大宗成品油交易采用吨（质量单位）作为计量单位。由于二者计量单位的差异需依据油品密度制定合适的吨与升折算系数（以下简称系数）。这个系数通常由当地发改委制定并统一发布实施，一般分为秋冬季系数和春夏季系数。温度影响密度，油品的质量大相对应的热值更高。在相同的吨与升折算系数下选择温度较低的时间加油是比较划算的。由于目前按照季节和地域平均温度制定折算系数的方

早晨加油

夜晚加油

法，在不同季节加油是不存在差别的。所以"气温低时加油更划算"在理论上是说得通的，想要加油更合算，选择早晚加油，因为在相同的折算系数下，温度相对较低的情况下可以获得更大质量的油。但是理论与现实总有一段不小的距离，计量数据告诉我们这种差别是非常小，早晚温差较大的地区计量差别不会超过 0.1%，影响微乎其微，所以，车主们还是不要再纠结于是早上还是晚上加油更省钱这个问题啦。

如何巧妙识别作弊计价器？

　　出租车计价器作为乘客支付费用的依据,直接关系着民生利益。但在实际生活中，出租车计价器仍然存在着不少的作弊欺诈行为，严重损害了广大消费者的合法权益。那么，什么是出租车计价器，它的原理又是怎么样的，常见的计价器作弊行为有哪些，作为乘客，该如何避免上当受骗呢？让我们来一一进行了解。

　　出租车计价器是一种计量器具，用于测量出租持续时间及依据里程传感器传送的信号测量里程，并以测得的计时时间及里程为依据，计算并显示乘客应付的费用。

　　计价器一般包括传感器、空车牌、单片机、显示器以及打印机。传感器指的是里程传感器，用于感受行驶路程并将其转换为电信号；空车牌用于控制计价器的起始和终止；单片机用于利用传感器输出的电信号来对乘车费用进行计算；显示器用于显示乘车费用；打印机用于打印乘车所需票据，通过排线与计价器主机相连接。

　　目前市面上有以下几种常见的计价器作弊方法：

1. 小电机作弊方法

　　在车内隐蔽部位安装一个脉冲发射器（俗称"跑得快"）。通过作弊手段，几乎可以随意控制计价器里程，乘客的合法利益也就随之遭到了损害。通过无线遥控器，按下启动键，操纵小电机进行运转。小电机发出设定的脉冲频率，并将此脉冲频率通过传输线，与计价器传感器本身发出的脉冲频率叠加，然后传入计价器内，影响计价器显示屏上的里程数和金额。

值得注意的是，小电机的遥控器安装的位置是极为隐蔽的，常见位置有车窗升降开关、手动挡、主驾驶坐垫左下方、方向盘等。

2. 预置里程数作弊方法

不法司机通过启动隐藏的小开关，提前置入一段里程数，把空车状态调整为租用状态，当乘客进入车内开始租用时，实际上出租车早已进入了租用状态，从而通过预置的里程数来增加计价器上显示的金额。

3. 改用小轮胎作弊方法

这主要是因为车胎越小，走相同的路其转得就越多，变速箱的信号传递到计价器上显示的距离也就越多。

4. 改价位作弊方法

将起步价或者续程单价提高。

面对如此隐蔽的作弊方法，作为乘客，该如何预防上当受骗呢？作为乘客最主要的判别方法就是用目测距离来识别计价器显示里程数和金额变化情况，计价器里程显示每隔 100 米、跳表一次，如果发现在（1~2）秒时间内里程连续跳数，该计价器可能存在作弊嫌疑。但是也不能排除车辆传感器损坏和其他原因，然而出现这种情况是极少的。在有关部门接到举报信息后，便可以对车辆是否存在作弊进行技术核实和行政处理。

首先，在车辆行驶前要注意计价器金额数是否显示为零，预防埋公里数的行为。

其次，在车辆行驶中也要仔细观察计价器的金额数、公里数的变化是否异常加速，如果变化异常加速，那么很有可能存在作弊情况。所谓有异常加速，一般可以由瞬间连续跳表和计价器显示屏模

糊不清两个方面判别。

　　再次，许多"跑得快"安装位置都较为隐蔽，如：安装在排挡杆、点烟器、油门处、灯光开关处等位置。这就需要乘客注意司机的一些小动作，比如频繁地使用点烟器，频繁的开关灯等多余动作。如果发现司机有类似行为，就得更加注意计价器显示屏的变化情况了。

　　最后，在下车前，记得向出租车司机索要发票，发票上的相关信息将有助于行政部门判断计价器是否存在作弊行为。

"γ 刀"是什么刀?

我们每天看到日出日落,是因为太阳发出了可见光,γ 射线也像太阳光一样,都是电磁波,但是它波长更短,也就是说它的能量在空间尺度上更集中,所以 γ 射线能穿过人体,钢板也不能完全挡住它。阳光照在身上,我们感觉暖和,是因为光使我们身体分子的热运动加快,但是 γ 射线能够给予分子中的电子足够能量,使得电

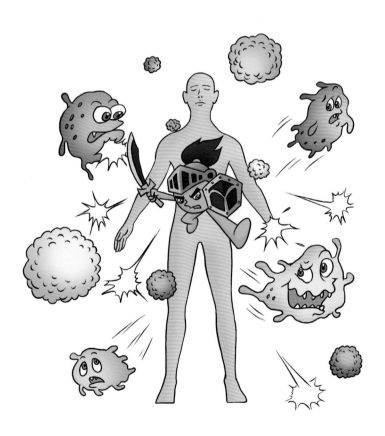

"γ 刀"化身安全卫士对抗恶性肿瘤

子离开分子，这就是电离辐射。生物组织的生长依赖于 DNA 的不断复制，如果通过电离把分子键打断，进而把 DNA 的双链打断，细胞不能继续复制，组织就不会继续生长，这就是用 γ 射线治疗恶性肿瘤的原因。实际使用时，在人体周围布置 200 个能产生 γ 射线的放射源，它们产生的射线汇聚到人体需要治疗的肿瘤位置，可以实现足够的聚焦，杀死肿瘤，而每个放射源在一个方向上产生的射线对人体伤害很小，所以就像手术刀一样，精准地切掉了肿瘤，又保护了正常组织器官，这就是它为什么叫"γ 刀"了。

除了 γ 射线，还有其他很多能产生电离辐射的射线。X 射线的能量比 γ 射线低，人体不同的组织器官阻挡它的能力不同，所以 X 射线可以给人体内部照相；如果从人体的不同位置一层层的照相，我们就得到了详细的人体内部的信息，这就是 CT（电子计算机断层扫描）；加速器产生的更高能量的射线可以穿透集装箱，看到里边是木材还是汽车；利用射线的方法还能知道一片甲骨是商代哪个帝王的，从而成为考古和历史的重要依据。只要我们利用科学的办法使用射线，它就能像"γ 刀"一样，在很多行业为我们服务。

精准测量支撑癌症放疗技术的进步

根据世界卫生组织（WHO）公布的数据显示，癌症已成为现代人类最大的致死原因。在中国，每 10 秒就有 1 人被诊断患有癌症，癌症死亡率超过 50%。

目前针对癌症常规的治疗方法有 3 种：通过手术直接切除肿瘤；通过化疗，即注射药物杀死肿瘤细胞；通过放射治疗杀死肿瘤细胞。根据病情的不同，约 70% 的癌症病患应当接受放射治疗，而在放射治疗过程中，大约 90% 的情况下需要用到一种叫做医用电子直线加速器（LINAC，简称医用加速器）的设备。

医用加速器的原理简单来说，是加速器通过电场将电子加速，电子击中钨靶后其能量转换为高能 X 射线，就是所谓的高能光子，高能光子穿透力强，可用于治疗人体组织中深处的肿瘤。在此过程中，高能光子的能量可以破坏细胞染色体，使细胞停止生长。由于癌细胞生长和分裂的速度更快，因此比人体正常组织对射线更敏感。问题的关键在于，放射治疗中既要保证足够的射线剂量能够杀死肿瘤，又不能因放射过量对人体的正常组织造成损伤，产生副作用。

对于实验室研究来说，加速器只是参考辐射源，研究的关键在于辐射量值的测量。由于人体 70% 由水组成，因此放射治疗的处方剂量是水吸收剂量，也就是单位质量的水所吸收的能量。研制水量热计，能够对水吸收剂量进行测量。

水量热计的原理是测量加速器产生的高能 X 射线在水中形成的温度上升，原理并不复杂，实现高精确度的测量却是很大的挑战，

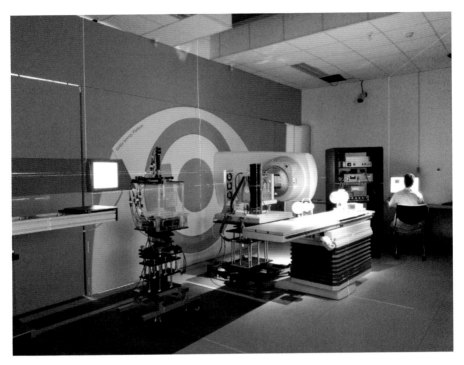

高能光子水量热计装置

由于需要测量的温度变化极小，要求实现精准的温度测量，并控制环境温度和噪声。另外在 X 射线的辐射与水的相互作用过程中，并不是全部能量都转换成了温度的上升，会有部分热量损耗。

目前我国的研究成果已达到不确定度为 0.35%，国际公认的放疗临床要求肿瘤部位剂量测量不确定度为低于 5%，在这两个数字之间，还要考虑人的呼吸、心脏的跳动、在治疗床上所处的位置，以及操作设备的物理师如何执行放疗计划等许多因素。

随着放疗技术的不断发展，医院的放疗物理师，需要像雕刻师一样，能够把看不见的射线聚焦，将肿瘤的三维形状雕刻出来。所以，放疗研究的下一步需要提供三维剂量的量值溯源，并验证治疗计划，以确保更好的治疗效果。

另外，一些新型放疗设备正在启用，比如质子、重离子治疗。质子治疗这种新兴技术的最大优势在于"定点爆破"。普通医用加速器产生的 X 射线，虽然能够杀死肿瘤细胞，但 X 射线的强穿透性对其所穿过的正常人体组织可能造成损伤。质子光束却能在病人体内停留，并利用尖锐的光束峰杀死肿瘤细胞，就是所谓的"精准制导，定点爆破"，减少了辐射对于人体正常组织的损害，降低副作用。可想而知，这种治疗技术对计量要求非常高，如果无法准确测量能量和剂量，就无法实现精准的肿瘤细胞定位，一旦错误地爆破了正常细胞，对人体的伤害更大。因此，质子、重离子等先进技术要求更高水平的计量技术。

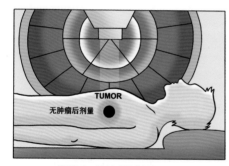

质子治疗：剂量在病灶达到最高　　　传统治疗：剂量在病灶前已达到最高

质子放疗与传统放疗的比较示意图

因此，计量技术的不断发展，能够保障我国医学诊疗的有效性和安全性，支撑大型医疗器械的国产化，为进一步实现精准医疗提供技术支撑。

核辐射的危害有多大?

辐射剂量的主单位是希（沃特）（Sv），但希是个非常大的单位，因此通常使用毫希（mSv），毫希是辐射剂量的基本单位之一 1mSv=0.001Sv。此外还有微希（μSv），1μSv=0.001mSv。

对日常工作中不接触辐射性工作的人来说，每年正常的天然辐射（主要是指空气中的氡辐射）为（1~2）mSv。单次小于0.1mSv的辐射，对人体无影响。而对接触辐射性工作的人来说，一年最高辐射量为5mSv。一次性遭受4000mSv会致死。一次胸部低剂量CT的辐射量为（0.5~1.0）mSv；一次常规剂量胸部CT的辐射量为（3~5）mSv；一次冠脉CT造影的辐射量为15mSv；而64、320排螺旋CT辐射量分别为7.5mSv、6.0mSv；一次全腹平扫加增强扫描，即从膈肌至耻骨联合，例如，小肠造影、全腹扫描、大范围腹部血管造影等的低剂量扫描的辐射量为（13~16）mSv、常规剂量扫描的辐射量约为36mSv，若进行多期动态增强扫描，则病人接受剂量相应会增加。

2011年3月15日上午，福岛第一核电站正门的核辐射剂量达到8.217mSv/h，而一个人正常的核辐射大概是（1~5）mSv/y。也就是说如果站在厂区的大门口，所受到的辐射量每个小时相当于你数年积累下来的正常辐射量。福岛核电站3号机的泄漏量达到了400mSv/h。那么400mSv/h是一个什么概念？也就是说如果一名男性没有任何防护地站在3号机组的周边15分钟的话，他的生殖力会暂时被破坏。

　　那么辐射是怎么伤害我们的？这次日本福岛核电站核泄漏事件中主要泄漏了可以放射 β 射线的碘 131 离子和可以放射 γ 射线的铯 137 离子和铯 134 离子。这几种放射性同位素都是核燃料裂变过程之中的副产物。从物质性质上 β 射线是电子，而 γ 射线是高能电磁波，它们自身都带有很强的能量。这两种射线造成身体疾病的基本原理差不多——高能辐射作用于身体内的生命大分子（蛋白质，核酸，脂类）引起化学反应造成机体损伤。首先高能辐射可以使蛋白质发生变性使其失去功能；其次还能使组成细胞膜的脂类转变成自由基，破坏细胞膜的结构；最后也是最重要的一点，高能射线可以打断 DNA 双链使遗传物质发生变异甚至缺失引发癌变，尤其是正在分裂的细胞 DNA 比较脆弱，所以胎儿和成长中的儿童以及人体内持续分裂的骨髓细胞、毛囊细胞、生殖细胞最易受到伤害。由于这种遗传效应，短期内可使遭受辐射的人骨髓内的造血细胞功能异常引发白血病或贫血，也使罹患肿瘤和癌症的几率大大增加；长期来看射线会破坏生殖细胞引发不孕不育、流产、畸形等问题，严重影响下一代健康。如果人体长期吸收电离辐射，将会造成自身免疫力低下，引发白血病、癌症、肿瘤、贫血等多种疾病，如果接受量过大甚至可以引发急性死亡。

走进能源计量，引领绿色发展

回想我们生活中的每一天，你查看过空气质量吗？给你的汽车加过油吗？交过水电费吗？像这些在我们日常生活中数不胜数的活动，都需要使用能源计量的结果。你有没有想过，是什么保证了这些测量结果的准确可靠呢？让我们一起走进能源计量。

计量是实现单位统一和量值准确可靠的测量。顾名思义，能源计量是指对各种能源量值准确测量的活动。按照《中华人民共和国节约能源法》对能源的定义：能源包括煤炭、石油、天然气、生物质能和电力、热力以及其他直接或者通过加工、转换而取得有用能的各种资源。计量能源用量的测量设备称为能源计量器具，如电能表、水表、煤气表；能源计量器具显示的量值称为能源计量数据，如 $50kW \cdot h$、$100t$、$200m^3$。

通过能源计量，可以正确掌握国家、地区、企事业单位，乃至家庭一定时期内用了多少度电、多少方气、多少吨水，折合多少吨标准煤，以便科学评价用能对象的能源利用状况。如今，随着能源资源节约和绿色低碳发展的需要，特别是能源精细化管理的要求，能源计量的基础保障作用日渐凸显，具体表现在以下几个方面。

1. 能源计量为用能对象提供全面、准确的过程数据

能源计量涵盖了工业生产和社会生活的各个领域，包括能源生产、采购、加工转换、运输储存、使用过程、成品输出等环节，都需要通过测量数据控制能源的使用，是能源利用和管理必不可少的基本条件。能源计量提供的客观数据，能及时反馈能源消耗水平，

有效指导生产管理，提升竞争能力，真正实现能源效益最大化。

2. 能源计量为节能管理者提供充分、可信的决策数据

　　能源计量是节能减排工作的"眼睛"和"标尺"，在节能减排过程中发挥着不可或缺的重要作用。能源计量提供的可信数据，能为节能管理者做好能源宏观分析与战略规划、开展能源消费总量与强度"双控"形势分析、实施节能监察、加强能源计量管理、制定节能标准，统筹能源发展等提供决策支撑。

3. 能源计量为"绿色发展"提供有力的技术支撑

　　"绿色"是我国五大发展理念之一，是"十三五"乃至更长时期的热门词汇。"绿色发展"意指以效率、和谐、持续为目标的经济增长和社会发展方式，"绿色发展"的根本就是节能减排。只有依靠能源计量提供的准确数据，才能对消耗量与排放量心中有数，通过采取相适应的节能与减排措施，提高能源利用效率，推动绿色低碳循环发展。

　　随着能源互联网技术的深入发展，能源计量工作大有可为，国家已在大力推动重点用能单位能耗在线监测系统建设，旨在发挥能源计量技术优势，建立能源计量大数据服务平台，促进互联网与节能工作深度融合。

能源计量助力绿色生活